Agricultures tropicales en poche
Directeur de la collection
Philippe Lhoste

Les semences

Michael Turner

Traduit par Henri Feyt

Éditions Quæ, CTA, Presses agronomiques de Gembloux

Le Centre technique de coopération agricole et rurale (CTA) est une institution internationale conjointe des États du Groupe ACP (Afrique, Caraïbes, Pacifique) et de l'Union européenne (UE). Il intervient dans les pays ACP pour améliorer la sécurité alimentaire et nutritionnelle, accroître la prospérité dans les zones rurales et garantir une bonne gestion des ressources naturelles. Il facilite l'accès à l'information et aux connaissances, favorise l'élaboration des politiques agricoles dans la concertation et renforce les capacités des institutions et communautés concernées.
Le CTA opère dans le cadre de l'Accord de Cotonou et est financé par l'UE.

CTA, Postbus 380, 6700 AJ Wageningen, Pays-Bas
www.cta.int

Éditions Quæ, RD 10, 78026 Versailles Cedex, France
www.quae.com

Presses agronomiques de Gembloux, Passage des Déportés, 2,
B-5030 Gembloux, Belgique
www.pressesagro.be

Version originale publiée en anglais sous le titre "Seeds"
par MacMillan Education, division de Macmillan Publishers Limited,
en cooperation avec le CTA en 2010

ISBN: 978-0-230-02239-3

ISBN (Quæ) : 978-2-7592-1892-9
ISBN (CTA) : 978-92-9081-515-0
ISBN (Presses agronomiques de Gembloux) : 978-2-87016-123-4
ISSN : 1778-6568

Table des matières

 # Avant-propos

La collection «Agricultures tropicales en poche» a été créée par un consortium comprenant le CTA de Wageningen (Pays-Bas), les Presses agronomiques de Gembloux (Belgique) et les éditions Quæ (France). Cette nouvelle collection, comme l'était celle qui l'a précédée («le Technicien d'Agriculture tropicale» chez Maisonneuve et Larose), est liée à la collection anglaise, «*The Tropical Agriculturist*», chez Macmillan (Royaume-Uni). Elle comprend trois séries d'ouvrages pratiques consacrés aux productions animales, aux productions végétales et aux questions transversales.

Ces guides pratiques sont destinés avant tout aux producteurs, aux techniciens et aux conseillers agricoles. Ils se révèlent être également d'utiles sources de références pour les chercheurs, les cadres des services techniques, les étudiants de l'enseignement supérieur et les agents des programmes de développement rural.

Nous nous réjouissons que le récent ouvrage «*Seeds*» de Michael Turner (Macmillan Publishers Limited et CTA, 2010) ait pu être traduit et paraître en français dans des délais relativement courts.

Les semences jouent en effet un rôle primordial dans la production végétale, l'agriculture et l'alimentation mondiale. Cet enjeu n'a fait qu'augmenter d'importance au fil du temps et particulièrement en ce début de XXIe siècle, compte tenu de l'accroissement démographique humain, de l'urbanisation et des crises alimentaires.

Cet ouvrage permet une bonne compréhension de ce que sont les semences (principalement céréales et légumineuses tropicales). L'accent y est mis sur le monde institutionnel des semences mais le secteur informel n'est pas oublié. Les concepts et mécanismes généraux de production, de certification et de commercialisation des semences sont présentés et actualisés. L'intérêt d'un système de protection variétale, parfois contesté par certains altermondialistes, y est expliqué et justifié. Au plan biologique, une information pratique est apportée sur les variétés et la physiologie des semences. Cet ouvrage sera donc utile aux opérateurs économiques du Sud qui voudraient développer des activités semencières ainsi qu'aux groupements de producteurs de semences.

Il développe, en s'intéressant principalement aux cultures vivrières de base, les spécificités techniques de la conduite au champ des productions de semences, et dans la description de ce secteur d'activité, il s'attache à bien décrire l'organisation des filières semencières, l'implication des agriculteurs et le rôle de chacun des opérateurs.

L'auteur de l'ouvrage en anglais, Michael Turner, est un spécialiste des semences, avec une grande expérience de formation à l'Université d'Edimbourg et des zones arides au Centre international pour la recherche agricole dans les zones arides (ICARDA). Son traducteur vers le français, Henri Feyt, agronome-généticien (ex-Cirad) possède une grande expérience de l'amélioration des plantes, de la gestion des ressources génétiques végétales et des semences. Il a effectué une traduction très fidèle du texte original anglais, apportant à l'occasion quelques éléments d'actualisation ou d'explication.

Cet ouvrage permet donc de mieux comprendre et maîtriser la production et la gestion des semences qui posent des problèmes spécifiques en régions chaudes et dans les pays en développement.

Philippe Lhoste
Directeur de la collection Agricultures tropicales en Poche

 # Préface

Les semences constituent un élément essentiel de la plupart des systèmes de production agricole et, pour tous les agriculteurs, le semis revêt une importance particulière. Il marque le début d'une nouvelle saison de culture mais porte avec lui des préoccupations concernant la germination des semences et l'implantation de la culture au champ ; un accident au moment de cette période critique, même s'il est possible de pratiquer un nouveau semis, signifie presque toujours une réduction du rendement final. Les agriculteurs attachent également un grand intérêt aux semences car c'est par elles qu'ils peuvent introduire de nouvelles variétés dans leur système de production. Dans tout le monde rural, les semis et les récoltes marquent les deux temps forts de l'année.

Il existe de multiples façons de se procurer les semences nécessaires à chaque saison : cela va du simple prélèvement de grains sur la récolte précédente à l'achat chez un distributeur faisant partie d'un réseau commercial international. Mais quel que soit le degré d'organisation du système d'approvisionnement, un petit nombre de principes de biologie appliquée déterminent les qualités des graines. En faisant appel à des technologies et à des pratiques adaptées, il est possible d'apporter à ces graines une valeur ajoutée qui en fera des semences.

L'objectif global est d'assurer la fourniture de semences de haute qualité, qui doit permettre d'améliorer les revenus des agriculteurs, la sécurité alimentaire et la prospérité d'un État. Mais cet objectif dépend d'un très grand nombre de facteurs. Si certains pays ont considéré que l'accès aux semences venait au premier rang des priorités en tant qu'élément essentiel du développement agricole, chez d'autres, l'organisation du système semencier demeure faible et fragmentaire. Ces différences ne sont pas principalement dues aux techniques mais plutôt à des problèmes plus généraux d'ordre socio-économique et à des choix gouvernementaux en termes d'organisation et de réglementation du secteur. Elles ne sont donc pas seulement la conséquence de réalités concrètes mais aussi de points de vue fortement influencés par les caractéristiques de l'agriculture et l'organisation économique du pays.

Actuellement, la question de l'approvisionnement alimentaire à l'échelle mondiale vient en tête de tous les agendas politiques et est chaque jour plus préoccupante puisqu'il s'agit d'alimenter une population sans cesse croissante avec des ressources qui vont en diminuant. Et les incertitudes liées aux impacts du changement climatique rendent le problème encore plus complexe. Les variétés nouvelles et les semences de haute qualité ont un rôle essentiel dans la réponse à cet enjeu car elles permettent d'accroître la productivité des sols cultivables dont la superficie est limitée.

Cet ouvrage a pour ambition de contribuer à une meilleure compréhension de la diffusion des semences, sous ses aspects techniques et organisationnels, et cela en s'intéressant surtout aux conditions tropicales qui sont intrinsèquement plus difficiles que celles des environnements tempérés. Étant donné l'ampleur du sujet, il était impossible de décrire les techniques de production de semences propres à chaque espèce et à chaque situation. On a donc plutôt cherché à mettre l'accent sur les principes et les pratiques d'application générale ainsi que sur les modes de fonctionnement qui permettent d'adapter le système de distribution des semences à chaque contexte : local, national et international.

Michael Turner,
Edimbourg, Royaume-Uni, mars 2010

 # Remerciements

Je voudrais exprimer ici toute ma reconnaissance aux équipes de plusieurs organismes qui ont contribué de différentes façons à l'élaboration de cet ouvrage, par la fourniture d'informations et de documents. En particulier, le Scottish Agricultural College, Royaume-Uni; Science and Advice for Scottish Agriculture (SASA), Royaume-Uni; le Seed Certification and Control Institute (SCCI), Zambie; Golden Valley Research Trust, Zambie; Ubon Forage Seeds, Thaïlande; et Svalof Consulting, Suède.

Je voudrais également saisir ici l'occasion de remercier ceux qui ont contribué à me lancer sur le «chemin des semences» au tout début de ma carrière professionnelle, et tout spécialement Richard Knight du National Seed Development Organisation (NSDO), Cambridge; Harold Dally des Kenilworth Vineries, Guernsey; ainsi que le Professeur Graham Milbourn de l'University of Edinburgh. Enfin, il me faut remercier les nombreux étudiants qui ont suivi le cycle de formation sur la technologie des semences à Edimbourg et qui m'ont tant appris.

1. Introduction

L'importance des semences dans l'essor des civilisations

Les semences ont joué un rôle essentiel dans le développement des premières civilisations et aujourd'hui elles sont encore à la base de l'alimentation mondiale. L'émergence d'une agriculture sédentarisée, il y a quelque 10 000 ans dans le croissant fertile du Moyen-Orient, est étroitement liée à la mise en culture de formes primitives de blé et d'orge, qui sont à l'origine de nos variétés modernes. Des histoires très similaires, relatives au début de la domestication des plantes cultivées, se sont déroulées un peu partout à travers le monde. La caractéristique spécifique des semences, ce qui les rend si importantes, c'est leur petite taille et leur durabilité. C'est-à-dire, qu'elles peuvent être conservées en tant que produit alimentaire d'une saison à l'autre et qu'elles peuvent être transportées sur de longues distances, ce qui a facilité la large diffusion et l'adaptation à des contextes très variés des principales plantes cultivées. Aujourd'hui, un très petit nombre de céréales dont le riz, le blé, le maïs, le sorgho et le mil, auxquelles on peut ajouter quelques espèces de légumineuses, assure la base de l'alimentation de toute l'humanité ainsi que celle de très nombreux animaux domestiques. Ces plantes cultivées ont été diffusées dans le monde entier sous forme de semences, et par là-même soumises à tout un ensemble de pressions de sélection : celles de nouveaux environnements, des agriculteurs, et aussi, depuis une centaine d'années, celles des scientifiques pratiquant l'amélioration des plantes.

Les semences sont à la fois le commencement et la fin du cycle de vie d'une plante. Une graine est semée et germe ; la plante qui en est issue croît et se développe en passant tout d'abord par une phase végétative, fleurit pour au final produire à nouveau des graines. Quand ces graines sont récoltées à des fins alimentaires, on les désigne sous le terme de grains ; si elles sont mises de côté afin d'être ressemées, on parle alors de semences. Cependant, il n'y aucune différence biologique entre un grain et une semence, excepté en ce qui concerne l'usage que les gens vont en faire : des semences non utilisées peuvent être rebaptisées grains et consommées[1] et des grains stockés pour la consommation peuvent être semés s'ils sont toujours viables. Ces deux situations se produisent, surtout dans les agricultures traditionnelles. Cependant, prendre conscience que les semences doivent être l'objet d'une gestion et de soins spécifiques afin de maintenir et améliorer leur qualité est fondamental dans la perspective du développement d'une industrie des semences efficace.

La divergence et, au final, l'individualisation de l'activité de production de semences par rapport à la production classique est une caractéristique des agricultures les plus avancées. Elle est aussi étroitement liée à l'amélioration génétique des espèces que nous cultivons et à l'emploi de variétés bien identifiées par les agriculteurs. Les principes et les techniques visant à produire des semences et des variétés de bonne qualité ont été élaborées durant les 150 dernières années mais n'ont véritablement progressé qu'au cours du XXᵉ siècle avec l'accroissement des connaissances dans les domaines de la génétique, de la physiologie et de la biochimie. Le développement de la biologie moléculaire a conduit à une connaissance encore plus intime de ces mécanismes et ouvert la voie à des progrès encore plus rapides en amélioration des plantes.

Le rôle des semences améliorées dans le développement de l'agriculture

Les semences ont joué un rôle important dans le développement de l'agriculture, en particulier depuis la Révolution Verte des années 1960, qui était basée sur l'introduction de nouvelles variétés de riz et de blé à haut potentiel de rendement. Et de fait, l'emploi de semences améliorées est quelquefois qualifié de moteur du progrès agricole par référence à sa capacité à augmenter la productivité et à stimuler les activités économiques du monde agricole. Cependant, ces attentes haut placées ont été souvent déçues du fait de la complexité de la mise en place d'un système d'approvisionnement en semences – en effet, celui-ci doit répondre réellement aux besoins des agriculteurs et les semences doivent être vendues à des prix abordables. De plus, l'expression « semences améliorées » est ambiguë car elle peut aussi bien faire référence au potentiel génétique de la variété qu'aux qualités de la semence elle-même ; or ce sont deux aspects de la technologie des

---

[1] À condition toutefois de ne pas avoir reçu une application de produits phytosanitaires destinés à protéger lesdites semences ! (NdT)

semences tout à fait distincts. Il est donc nécessaire de bien identifier les améliorations dont les agriculteurs ont le plus besoin tant au niveau de chacune des espèces qu'ils cultivent qu'à celui plus global de leur système de production.

Ces aspects ont été souvent négligés dans les premiers projets semenciers financés par les agences de développement dans les années 1970 et 1980, qui présumaient que le seul fait de rendre accessibles des semences améliorées augmenterait la productivité agricole et permettrait d'étendre le modèle de la Révolution Verte à de nouvelles productions et à de nouveaux pays. Mais cela n'a pas toujours été le cas, à la grande déception des donateurs qui avaient financés ces projets, et cela a entraîné la mise en place de nouvelles approches pour assurer l'approvisionnement en semences. Les opérateurs semenciers du secteur public ont été souvent critiqués pour leur manque d'efficacité, mais le vrai problème était que les activités de production et de commercialisation des semences exigent une gestion extrêmement dynamique qui fait souvent défaut dans les institutions bureaucratiques dépendantes des gouvernements. Certains ont vu dans ce constat un argument pour confier les activités de distribution des semences au secteur privé, qui généralement témoigne de capacités de gestion plus efficaces. Cependant, en pratique, le secteur privé ne s'intéresse pas aux marchés insuffisamment rentables correspondant à des zones isolées ou marginales. C'est pourquoi, il est généralement admis que la distribution des semences dans les pays tropicaux correspond à un contexte social particulier, dans lequel les gouvernements doivent intervenir pour aider les petits agriculteurs paysans, alors que dans les pays ayant une agriculture industrielle, le secteur des semences correspond essentiellement à une activité commerciale qui peut être confiée au secteur privé, à condition d'être suffisamment réglementée.

En dépit de la diversité des opinions concernant les mécanismes d'approvisionnement en semences, il ne fait aucun doute qu'une bonne gestion du secteur des semences peut considérablement améliorer les revenus et la sécurité alimentaire de tous les agriculteurs, qu'ils relèvent de l'agriculture développée ou de l'agriculture de subsistance. La mise au point de nouvelles variétés par la sélection végétale est un mécanisme essentiel pour augmenter la productivité et les semences constituent le support grâce auquel ce progrès est transféré aux agriculteurs. Les semences sont les outils de vulgarisation des programmes d'amélioration des plantes et elles assurent le lien entre les chercheurs, créateurs de variétés, et les agriculteurs (Figure 1). En tant qu'outil de développement, les semences présentent l'avantage d'être un produit physique qui peut être distribué aux agriculteurs, alors que beaucoup d'activités de vulgarisation consistent en la diffusion et la démonstration de messages beaucoup moins concrets.

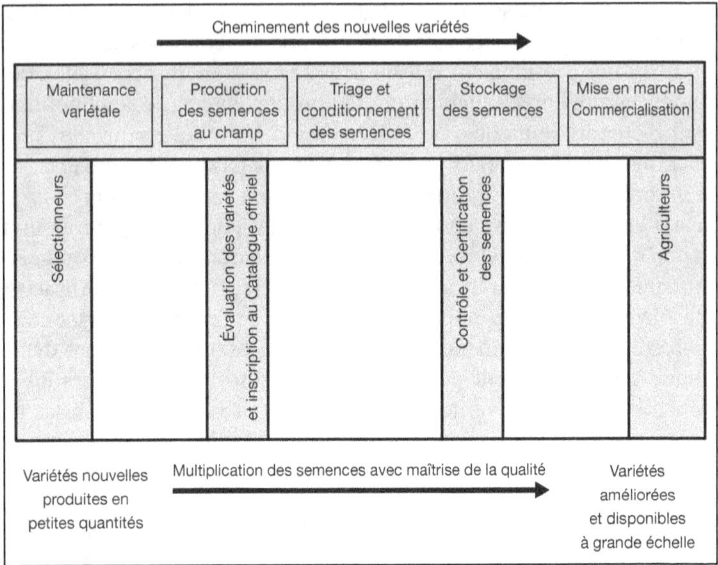

Figure 1. La technologie des semences : le lien entre les sélectionneurs et les agriculteurs.

Qu'entend-on par « technologie des semences » ?

Cette expression est devenue d'un usage courant à la fin des années 1960, quand a été entrepris un effort concerté pour mettre en place et améliorer les systèmes d'approvisionnement en semences des pays en développement, tout particulièrement dans les zones où de tels systèmes n'avaient jamais existé auparavant. Cette initiative a été dopée par les réussites de la Révolution Verte, qui avait prouvé les avantages apportés par les variétés améliorées de riz et de blé quand elles sont associées à un ensemble de pratiques intensives.

Ce que l'on entend par « technologie des semences » en tant que sujet d'étude est assez variable, et de fait, l'expression peut ne pas être bien comprise en dehors de la communauté de ceux qui l'utilisent. Au sens large, elle réunit un ensemble de sciences appliquées, de technologies et d'aspects socio-économiques qui contribuent à la production et à la mise à disposition de semences de bonne qualité pour les semis. L'étude du comportement des graines des espèces sauvages dans leur environnement naturel doit être considérée comme un sujet différent : l'écologie des semences. Ces deux approches peuvent cependant se recouper légèrement quand des espèces sauvages sont cultivées à des fins spécifiques mais cela est assez peu fréquent. Le comportement des graines des plantes adventices est un aspect important de l'écologie des semences intéressant les agriculteurs, mais il ne rentre pas dans l'objet du présent ouvrage.

Les disciplines scientifiques et les savoir-faire mis en œuvre afin de fournir aux agriculteurs des semences de bonne qualité couvrent un large éventail de domaines, allant de la biologie appliquée jusqu'aux dispositions réglementaires et aux politiques nationales en passant par l'agronomie, les techniques de stockage, de conditionnement physique et de traitement phytosanitaire des grains et la gestion commerciale. De plus, toutes ces thématiques sont très étroitement liées ; par exemple, les décisions techniques appliquées, au moment de la moisson ou juste après, à un lot de semences donné, reposent sur des données biologiques ; mais elles ont aussi des implications directes sur les soins à apporter, les conditions de stockage et de manutention du lot ; au final, elles pourront même avoir de graves conséquences financières s'il s'avère que ces décisions étaient erronées.

Le cycle de production

Toutes les céréales à la base de notre alimentation sont des plantes dites annuelles, c'est-à-dire qu'elles fleurissent seulement une fois puis meurent, en suivant le cycle saisonnier des températures, des pluies et dans certains cas, de la longueur des jours. Cette forte saisonnalité influence tous les aspects de la production de semences et fait que le cycle semis-production-récolte-stockage doit s'y adapter et est fonction de l'espèce et du lieu considérés. Même le riz irrigué des zones tropicales de basse altitude, qui est l'une des rares cultures à pouvoir être semées et récoltées tout au long de l'année, a une saison de production principale correspondant à des rendements plus élevés ou une meilleure qualité.

Pour produire des semences de très bonne qualité il est nécessaire de bien conduire le champ de production de semences et aussi de bien gérer le lot de semences issu de la récolte (Figure 2). Chacune des deux parties de ce cycle présente des risques pour la qualité. Dans les systèmes d'approvisionnement en semences formels, il faut plusieurs cycles de multiplication pour atteindre les quantités de semences nécessaires aux agriculteurs; en conséquence, chaque génération de multiplication des semences est dûment identifiée et leur succession constitue une filière reliant le sélectionneur à l'agriculteur. À cela s'ajoute le principe sous-jacent de la certification, qui est une procédure très largement employée pour le contrôle et la gestion de la qualité et qui assure en particulier la traçabilité d'une génération à l'autre.

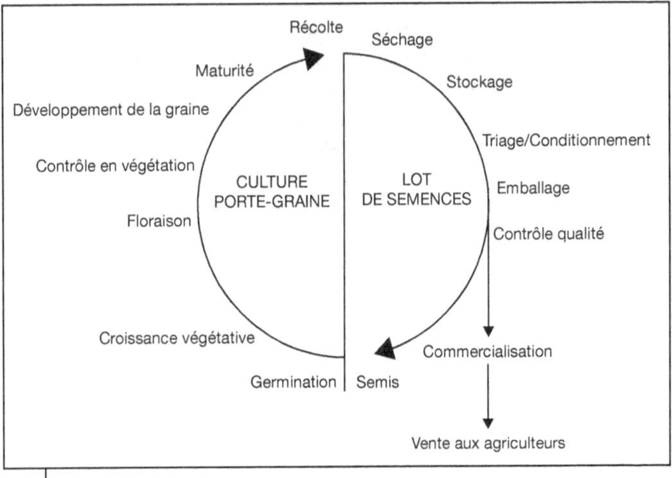

Figure 2. Le cycle de production des semences.

En plus d'être soumise aux pratiques culturales saisonnières, la production de semences s'inscrit dans le cycle de la reproduction sexuée de la plante, qui commence avec la pollinisation et la fécondation des fleurs. À ce stade, il y a possibilité de contamination par du pollen étranger, et ces phénomènes doivent être bien contrôlés afin de garantir la pureté des semences produites. En revanche, la multiplication végétative débouche sur des clones, c'est-à-dire des ensembles d'individus génétiquement identiques (sous réserve toutefois qu'une mutation somatique ne soit pas intervenue). La production de clones est complètement différente de la production de semences et n'est donc pas traitée dans le présent ouvrage. De fait, pratiquement toutes les espèces cultivées pérennes, comme par exemple les plantes à racines ou à tubercules, les arbres fruitiers, le bananier, la canne à sucre et plus généralement les cultures de plantation, sont le plus souvent multipliées par voie végétative et donc cultivées sous forme de clones, mis à part le palmier à huile et le cocotier qui constituent des exceptions. La pomme de terre est une autre espèce intéressante, qui peut aujourd'hui se multiplier à l'aide de «véritables semences»[2] ; cependant, la multiplication par tubercule demeure, et de très loin, la méthode la plus pratiquée pour cette espèce.

La filière semences

Le concept de filière semences repose sur l'idée que toutes les activités qui se succèdent, depuis le sélectionneur qui crée les nouvelles variétés jusqu'à l'agriculteur qui les cultive, sont liées. La vie d'une nouvelle variété commence avec les quelques kilogrammes de semences dont le sélectionneur dispose une fois terminées les opérations de sélection, purification, et évaluation de la variété. Pour valoriser pleinement le travail de son créateur, la variété doit être disponible en très grandes quantités (à savoir en centaines, voire milliers de tonnes !) lorsque son usage se développe, et cela nécessite plusieurs cycles de multiplication. Le rôle de l'industrie des semences est donc d'assurer la continuité de cette chaîne d'opérations dans des conditions rigoureuses, de telle sorte que le transfert des bonnes variétés s'effectue rapidement, de la recherche au secteur production, sous la forme de semences de haute qualité proposées aux agriculteurs. En complément des activités techniques nécessaires à la multiplication des semences, il existe généralement en parallèle un cadre règlementaire qui vise à garantir la qualité des semences produites et mises en vente. Les différentes activités et institutions impliquées dans cette filière sont présentées à la figure 3. Comme pour toute chaîne, la présence d'un seul maillon faible dans ces activités ou ces institutions compromet l'efficacité de l'ensemble, avec pour conséquence de réduire l'impact des programmes d'amélioration des plantes.

Les systèmes d'approvisionnement en semences

Cette expression s'est plus ou moins imposée au cours des vingt dernières années pour décrire et analyser le mécanisme global d'approvisionnement des agriculteurs en semences pour une zone ou un pays

---

[2] C'est-à-dire de graines et non de tubercules (NdT).

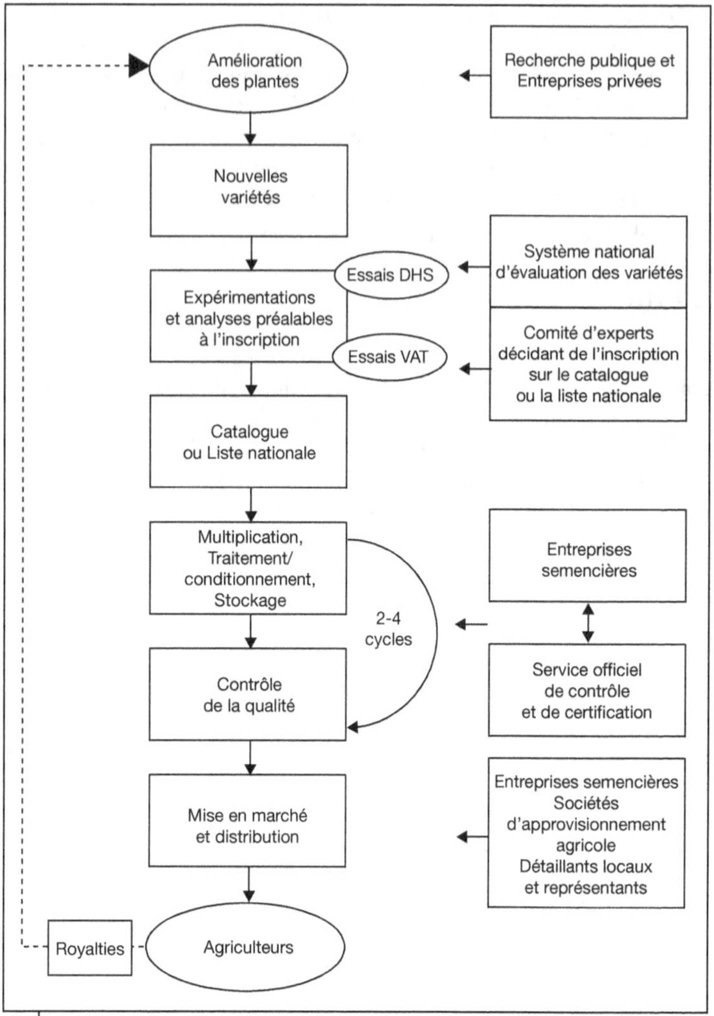

Figure 3. Les activités et les organismes impliqués dans la filière semences.

donné. Elle admet le fait que les agriculteurs puissent se procurer leurs semences par différentes voies. Certains systèmes sont très simples et fonctionnent au plan local, à l'intérieur même de l'exploitation ou de la communauté d'agriculteurs environnante avec peu, voire aucune intervention extérieure. Le savoir-faire individuel et la réputation sont les éléments essentiels de la relation entre le producteur de semences et son acheteur. D'autres systèmes sont organisés à un niveau national ou international. Dans ce cas, les questions relatives à la gestion de la qualité et au respect de la réglementation sont extrêmement importantes étant donné que la semence est un produit distribué par des sociétés commerciales. Lorsque l'ensemble des activités et entités commerciales constituent un système plus élaboré et intégré d'approvisionnement en semences, on a alors affaire à une industrie des semences.

De nombreux facteurs interviennent sur les modalités pratiques de fonctionnement d'un système semencier dans un pays ou contexte donné. Les céréales et les légumineuses à graines sont généralement à la base des systèmes de production et une partie des graines récoltées sur l'exploitation peut être mise de côté pour être utilisée comme semences pour la culture suivante. Cependant, si des variétés hybrides sont disponibles et présentent un intérêt pour l'agriculteur, les semences doivent être renouvelées à chaque semis. Il en est de même pour une culture industrielle comme le coton, car du fait qu'il faut séparer les fibres des graines, leur traitement et leur conditionnement pour en faire des semences n'est guère possible à la ferme. De même, il est risqué pour un agriculteur de vouloir produire ses propres semences de soja car, dans les conditions tropicales, ces graines sont sujettes à des dégradations physiologiques.

Les plantes potagères traditionnelles, qui offrent un large éventail allant des cucurbitacées aux légumineuses, peuvent facilement être reproduites à la ferme ou au niveau de la communauté locale, mais, dans la pratique, les semences sont souvent achetées sur le marché local étant donné que chaque agriculteur n'a besoin que de toutes petites quantités pour ses propres semis. Il peut être difficile, voire impossible, pour les agriculteurs des zones tropicales de produire sous leur climat des semences de plantes potagères originaires des climats tempérés comme l'oignon, la carotte, la laitue ou le chou ; dans ce cas aussi, les semences sont achetées chez un détaillant local. Pour beaucoup de ces espèces, la possibilité d'avoir accès à des variétés hybrides améliorées a entraîné la mise en place d'un important commerce international poussant ses ramifications jusqu'au niveau de petits détaillants locaux dans les zones rurales, et de ce fait, il n'existe pas de système local de production de semences pour ces espèces.

Outre les caractéristiques propres à chaque espèce, d'autres facteurs influencent les modes d'approvisionnement en semences en un lieu donné. La géographie et les infrastructures peuvent jouer un rôle important, par exemple en rendant le transport difficile : il peut alors être trop onéreux de déplacer des masses importantes de grains sur de grandes distances, et de ce fait, la production locale de semences s'imposera par défaut comme système d'approvisionnement pour les céréales et les légumineuses. Au contraire, les semences de petite taille et à forte valeur ajoutée, ce qui est le cas des plantes potagères, peuvent supporter des coûts de transport plus élevés et peuvent être facilement disponibles, même dans des zones reculées. En règle générale, il est bien sûr beaucoup plus facile d'organiser un approvisionnement en semences dans une plaine irriguée et bien homogène que dans des régions isolées, marginales ou montagneuses. Ces éléments qui pèsent sur les programmes semenciers nationaux ainsi que sur l'industrie des semences sont examinés dans le dernier chapitre.

La mise à disposition de variétés hybrides a un fort impact sur le système d'approvisionnement en semences puisque ces semences ne peuvent pas être reproduites par l'agriculteur et qu'elles sont par là-même soumises à un «droit de propriété», sujet éminemment important pour l'industrie des semences. Cependant, même en dehors des variétés hybrides, l'accès à de nouvelles variétés améliorées, et dans certains cas à de nouvelles espèces cultivées, a une profonde influence sur les systèmes d'approvisionnement en semences. Par exemple, le blé s'est aujourd'hui assez largement développé en tant que culture de saison froide dans les zones tropicales ou subtropicales où le stockage des grains durant la saison chaude et humide est très difficile. Dans un tel contexte, les agriculteurs sont plus enclins à acheter les semences de blé qu'à acheter les semences de riz, ces dernières étant bien adaptées aux conditions locales de l'environnement et se conservant facilement.

Au final, l'aspect économique est le facteur clé qui décide de la façon dont les agriculteurs vont s'approvisionner en semences. Tant dans les pays développés que dans les pays en développement, certains agriculteurs préfèrent produire leurs semences sur leur exploitation parce que c'est l'option la plus pratique et la plus économique. Ils peuvent aussi décider d'acheter chaque année une partie de leurs besoins en semences, ou encore de les remplacer en totalité tous les trois ou quatre cycles de production. Et cela, quel que soit le degré d'évolution des techniques et des pratiques agricoles car les agriculteurs sont avant tout des économistes. Ils doivent en permanence prendre des décisions sur la manière d'utiliser les moyens à leur disposition ainsi que sur les façons de mettre en valeur leur exploitation afin d'en maximiser les revenus pour eux-mêmes et leur famille. Globalisées, ces décisions individuelles des agriculteurs ont de profondes répercussions sur les systèmes d'approvisionnement en semences.

Dans certains pays, des contraintes réglementaires pèsent sur le système d'approvisionnement en semences. Par exemple, dans l'Union européenne, la plupart des semences destinées à l'agriculture doivent être certifiées avant d'être mises en vente, ce qui a pour effet de limiter le marché des semences dites foraines[3]. Quelques pays tropicaux ont des législations similaires, mais elles ne sont pas souvent respectées du fait qu'il n'y a pas de semences certifiées en quantités suffisantes pour répondre aux besoins des agriculteurs.

Revue historique des systèmes d'approvisionnement en semences et de l'industrie des semences

Dans les sociétés agricoles traditionnelles, la fourniture des semences était « internalisée »; les agriculteurs obtenaient leurs semences en mettant de côté une partie de leur propre récolte ou en se rendant sur les marchés avoisinants. Puis quelques agriculteurs se firent reconnaître en tant que producteurs de semences et quelques commerçants prirent l'initiative de proposer des semences sélectionnées et améliorées ou importées d'autres régions. De cette façon, un commerce des semences spécifique s'est peu à peu institué entre producteurs et commerçants, intéressant essentiellement les marchés locaux.

Vers le début du xxᵉ siècle, deux éléments ont modifié de façon radicale ce schéma. Tout d'abord, l'amélioration des moyens de transport a permis aux semences de circuler sur de longues distances. En second lieu, le développement de la génétique a fourni une base scientifique aux méthodes d'amélioration des plantes et accéléré les processus de sélection. La mise à disposition de nouvelles variétés a considérablement intéressé les agriculteurs et augmenté leurs possibilités de choix tout en incitant les entreprises semencières à investir dans l'amélioration des plantes et à promouvoir leurs innovations.

Ainsi, une industrie des semences est apparue en Europe et en Amérique du Nord, complètement indépendante du commerce des grains de consommation, mais qui s'est par contre liée assez étroitement à la fourniture des intrants agricoles tels que les engrais, les outils et le

---

[3] Semences commercialisées illégalement en dehors de tout contrôle (NdT).

machinisme. Durant la seconde moitié du XXe siècle, les traitements phytosanitaires des récoltes, les aliments composés pour les animaux d'élevage ainsi que les produits vétérinaires sont venus compléter cette activité connue sous l'expression de «Approvisionnement agricole».

Pour résumer, les progrès de l'agriculture et les innovations technologiques ont conduit à ce que les systèmes d'approvisionnement en semences s'individualisent complètement par rapport aux systèmes de production dont ils sont les fournisseurs. Cependant, cette séparation n'est pas complète ; toutes les semences sont, au final, produites par des agriculteurs et, dans biens des cas, des mécanismes d'approvisionnement traditionnels coexistent avec les circuits commerciaux organisés.

L'approvisionnement en semences formel et informel

Une filière semences est un circuit bien défini qui permet aux variétés nouvelles et aux semences d'atteindre les agriculteurs au travers d'une série d'activités et d'entreprises. Cette configuration peut être désignée par l'expression «secteur semencier formel», dont les entreprises semencières sont les principaux acteurs. Aujourd'hui, elles appartiennent pour la plupart au secteur privé, encore que dans certains pays des agences gouvernementales ou des entreprises paraétatiques (au capital détenu par l'État) prennent en charge les espèces les moins rémunératrices. Un secteur semencier formel se caractérise par les éléments clés suivants :
– l'emploi de variétés ayant une dénomination (généralement enregistrées sur une Liste ou un Catalogue national) et issues de programmes de sélection ;
– une production de semences planifiée par les entreprises semencières (généralement sous forme contractuelle) ;
– un triage-conditionnement mécanique après récolte ayant pour but d'améliorer la qualité des semences ;
– des systèmes de contrôle et d'assurance de la qualité des semences pour encadrer la production (la certification) ;
– la vente des semences dans des emballages étiquetés et scellés via un circuit commercial organisé.

Les agriculteurs peuvent aussi s'approvisionner en semences à travers un secteur semencier informel, organisé différemment. Un tel système repose sur des commerçants et des marchés locaux, des échanges de semences au sein des communautés villageoises, ainsi sur des semences prélevées directement sur la récolte au niveau de l'exploitation ou de la famille. Dans ce cas, la semence ne présente qu'un investissement ou une valeur ajoutée très faible par rapport au grain de consommation et son prix ne peut être qu'à peine plus élevé. Autrement dit, il y a peu de différences entre le grain destiné à la consommation et celui destiné à la semence, mis à part le mode de conservation après la récolte.

La répartition sur le terrain des différents systèmes semenciers est éminemment variable, en fonction des espèces et des régions considérées. Cependant, pour les céréales de base, le secteur informel est habituellement le principal fournisseur dans les régions tropicales parce que le gain financier qui serait obtenu par un renouvellement régulier des semences n'est pas suffisant pour les agriculteurs. En revanche, ces derniers peuvent décider de renouveler leur stock de semences après trois ou quatre saisons de culture afin de restaurer leur qualité ou d'avoir accès à une nouvelle variété. Cela conduit au concept de taux de renouvellement des semences. Dans le cas du riz, il est courant de constater que 90 % ou plus des semences proviennent du secteur informel. Au contraire, le secteur formel fournit nécessairement toutes les semences des variétés hybrides F1 puisque les agriculteurs ne peuvent pas les produire eux-mêmes. La figure 4 illustre la répartition théorique des secteurs semenciers telle qu'on la constate pour de nombreuses espèces tropicales.

Le débat entre secteur formel *versus* secteur informel

De très nombreux débats portent sur les rôles et mérites relatifs des secteurs semenciers formels et informels pour le développement de l'agriculture. Dans les systèmes agricoles traditionnels, la voie informelle étant le mécanisme par défaut. Là où la fourniture de semences issues de secteurs formels est possible, ceux-ci interviennent et prennent la place du secteur informel sous réserve qu'ils aient un impact positif sur la production et les revenus de l'agriculteur. Exprimé en termes économiques, chaque fois que les agriculteurs constatent qu'il y a clairement intérêt à acheter régulièrement des semences, ils le font. Sinon, ils continuent à avoir recours au secteur informel. Bien sûr, lorsqu'un système de protection de la propriété intellectuelle des variétés végétales est en vigueur (Chapitre 2), il existe des limites légales à la multiplication par les agriculteurs des variétés protégées.

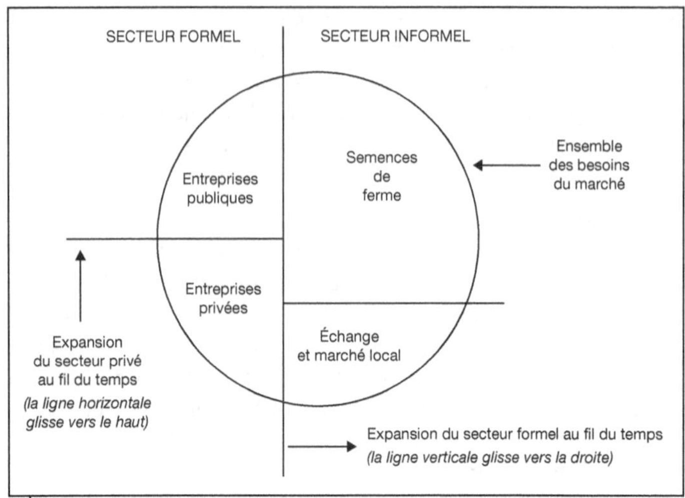

Figure 4. Principe de la répartition de la demande en semences de céréales et de légumineuses à grosses graines dans les régions tropicales.

D'un autre point de vue, on peut considérer que le secteur formel constitue un mécanisme d'injection qui permet d'introduire les nouvelles variétés sur le marché ou de renouveler les semences des variétés existantes quand les agriculteurs en ont besoin. Et que d'un autre côté, la diffusion des semences au sein des communautés locales et le renouvellement courant des semences d'une année sur l'autre sont principalement assurés par le secteur informel. Mais il serait faux de penser que le secteur informel ne fournit que des variétés locales ou traditionnelles : des variétés améliorées circulent aussi dans les circuits informels une fois qu'elles y ont été introduites par le secteur formel. Dans le cas de nouvelles variétés issues du secteur public et non protégées, leur diffusion rapide au sein des collectivités villageoises est très positivement appréciée par leurs créateurs qui y voient la preuve d'une large adoption par les agriculteurs. En revanche, s'il s'agit de variétés créées par un sélectionneur privé, cette situation constitue pour celui-ci une sérieuse perte de revenu !

La dimension politique des semences

Au-delà des considérations scientifiques, technologiques, économiques et commerciales, les semences soulèvent également des questions d'ordre politique qui sont apparues à partir des années 1980. Parmi les points clés, on notera : les droits de propriété et les conditions d'accès aux ressources génétiques, la protection de la propriété intellectuelle des variétés par des « Droits d'obtenteur » ou par brevet, la règlementation concernant les variétés génétiquement modifiées (OGM) et la concentration de l'activité semencière mondiale dans les mains d'un petit nombre de sociétés multinationales. Tous ces aspects donnent lieu à des débats entre les multiples parties prenantes et les groupes d'intérêt ; ils sont d'une importance cruciale aussi bien pour l'avenir des moyens qui seront consacrés à l'amélioration des plantes que pour le futur de l'industrie des semences. Tout cela a eu pour résultat que la question des semences est désormais au centre des débats sociopolitiques de ces dernières années.

Les semences sont aussi un élément essentiel des campagnes de secours aux sinistrés suite à des sécheresses ou des inondations. Et de fait, la sécurité semencière est aujourd'hui reconnue comme l'une des composantes de la sécurité alimentaire des communautés vulnérables. Les gouvernements sont désormais tenus d'intervenir pour assurer la sécurité semencière, et cela dans le cadre de partenariats avec le secteur privé et non pas en concurrence. L'augmentation globale des prix des denrées alimentaires et les inquiétudes concernant les sécurités alimentaires nationales soulignent le rôle essentiel qu'ont les semences pour le développement de l'agriculture.

Le contenu de ce livre

Le présent chapitre aborde quelques concepts généraux relatifs à la production des semences et aux relations entre agriculteurs et systèmes semenciers. Les chapitres suivants sont consacrés aux principes généraux et aux bonnes pratiques liés à la production de semences de qualité avec quelques exemples concrets. Cependant, compte tenu de la taille de cet ouvrage, il n'est pas possible de rentrer dans les détails techniques propres à la production des semences de chaque espèce. Pour la même raison, on supposera que le lecteur a déjà une certaine expérience des pratiques courantes en matière de production végétale.

Cet ouvrage s'intéresse essentiellement aux céréales et aux légumineuses à graines qui fournissent l'essentiel de la ration alimentaire à la majorité de la population mondiale, en particulier dans les pays en développement. Ce sont des cultures traditionnelles et il est donc important de bien expliquer les principes de la technologie des semences dans un contexte où les produits destinés à la consommation et aux semences sont souvent très proches l'un de l'autre. Compte tenu de cela, le cas des espèces pour lesquelles la production des semences est une activité beaucoup plus spécialisée, comme pour les potagères ou les fourragères, sera traité séparément au chapitre 8. Et dans le dernier chapitre seront examinées les questions relatives à l'organisation des programmes semenciers nationaux et à leurs relations avec le commerce international des semences.

Au-delà de l'aide qu'il souhaite apporter directement aux agriculteurs, cet ouvrage s'adresse à ceux qui envisagent de s'engager dans la distribution de semences aux agriculteurs au travers de petites entreprises, d'associations de producteurs ou de coopératives. De telles organisations sont susceptibles d'apporter certains des avantages qu'offre le secteur formel tout en conservant aux semences un niveau de prix acceptable. Elles assurent un lien entre le secteur formel et le secteur informel, et peuvent même au final se développer et devenir de grandes entreprises semencières. D'ailleurs, la plupart des entreprises semencières ont commencé ainsi ; elles sont apparues et ont développé leur commerce au sein des collectivités rurales et n'ont jamais été créées à l'initiative des gouvernements.

2. Amélioration des plantes et variétés

Semences et variétés sont des éléments très étroitement liés de la technologie des semences mais il est important de bien comprendre qu'ils apportent des contributions bien distinctes au progrès des productions végétales. Une variété est une combinaison unique de gènes, résultat d'une série de croisements et de sélections, alors que la semence est le support matériel qui permet de multiplier et de diffuser cette variété à une grande échelle auprès des agriculteurs, comme cela est illustré par le « pont » (Figure 1) et la « chaîne » (Figure 3) des graphiques du chapitre 1. La variété constitue l'innovation tandis que la semence est le véhicule utilisé pour la rendre accessible au plus grand nombre. C'est pourquoi l'expression pourtant couramment utilisée de « semences améliorées » est quelque peu inadéquate. De même que « amélioration des semences », parfois également utilisée, prête à confusion.

Les aspects variétaux des semences abordés dans ce chapitre font donc référence à la qualité génétique, c'est-à-dire aux méthodes permettant, dans un premier temps, de bien évaluer les caractéristiques génétiques d'une variété, et ensuite de les maintenir d'une génération à la suivante. Pour bien comprendre cela, il convient de rappeler ici les principes de l'amélioration des plantes ainsi que les différents types variétaux auxquels elle aboutit. Le chapitre 3 est consacré à la morphologie, la physiologie et la biochimie des semences, qui conditionnent leur qualité durant le stockage et au moment de la germination. On peut désigner cet aspect comme étant la qualité physiologique ou encore la valeur en plantation de la semence, sur laquelle l'amélioration génétique ne peut avoir qu'un impact limité.

Les origines de l'amélioration des plantes

Les premières études systématiques de l'hérédité ont été réalisées par Gregor Mendel dans les années 1860 sur le pois des jardins *(Pisum sativum)*. Cependant, ses travaux ont été – ce qui paraît incroyable – ignorés pendant quarante ans et seulement redécouverts et publiés au tout début du XXe siècle. L'œuvre de Mendel jeta les bases d'une toute nouvelle science, la génétique, consacrée à l'étude de l'hérédité.

Bien que la compréhension des lois de la génétique ait beaucoup apporté à l'amélioration des plantes, il est aussi vrai que, dans ses aspects pratiques, les activités de sélection végétales ont longtemps relevé plus d'une forme d'art que d'une véritable science analytique. En effet, pour la plupart des plantes cultivées, il n'y a pas beaucoup de caractères agronomiques importants qui soient déterminés par une hérédité mendélienne simple, c'est-à-dire dépendant d'allèles récessifs ou dominants de quelques gènes.

Cependant, durant le premier quart du XXe siècle, l'amélioration des plantes s'est imposée comme étant une branche à part entière de la génétique appliquée et a commencé à se développer, tant au sein d'entreprises que d'établissements universitaires, en mettant sur le marché des variétés nouvelles, identifiées par un nom et présentant des caractéristiques et un pedigree parfaitement définis. Cette nouvelle situation contrastait avec la lenteur des progrès apportés jusque-là aux plantes cultivées, fondés sur la sélection plus ou moins consciente exercée par des agriculteurs avertis sur la variabilité qu'ils observaient. Ainsi, les activités de sélection ont commencé à échapper au monde des agriculteurs pour migrer vers des stations de recherche, qui permettaient une mise en œuvre beaucoup plus intense et rigoureuse des méthodes scientifiques. Mais ce mouvement a conduit dans le même temps à modifier l'environnement dans lequel s'exerçait la sélection car une station de recherche n'est généralement pas gérée comme une exploitation agricole classique. Ce qui a des conséquences non négligeables pour la sélection et l'évaluation des variétés.

Amélioration des plantes et approvisionnement en semences

Le lien entre la création de nouvelles variétés, l'amélioration des techniques culturales et la mise en place d'un commerce ou d'une industrie des semences bien organisé a été évoqué dans le premier chapitre. Il peut être représenté par le principe biologique fondamental :

$$\text{génotype} + \text{environnement} = \text{phénotype}$$

Le génotype est l'ensemble particulier de gènes qu'un organisme vivant (plante ou animal) hérite de ses parents et qui détermine toutes ses potentialités ; l'environnement agit sur cette information génétique en définissant les conditions dans lesquelles cet organisme va se développer et c'est le résultat observé de cette interaction qui est appelé phénotype. Dans le contexte spécifique des productions végétales, cette relation peut s'exprimer par :

variété + conditions de la production = rendement agricole

Autrement dit, le potentiel génétique d'une variété peut être plus ou moins bien exploité en fonction du contexte environnemental dans lequel elle est cultivée, avec pour résultat ce que les agriculteurs récolteront au final en termes de rendement ou de valeur du produit. La Révolution Verte a été un très bon exemple de ce que peut apporter la combinaison de variétés améliorées avec un ensemble de techniques culturales adaptées. Il y a souvent un lien très étroit entre la gestion du milieu naturel et la rapidité avec laquelle les agriculteurs se décident à acheter des semences. Ainsi, l'utilisation de variétés à très haut potentiel peut ne pas se justifier dans des environnements à hauts risques et on comprend la réticence des agriculteurs à investir dans des semences de haute qualité s'il y a un risque de manque d'eau. Au contraire, l'accès à l'irrigation apporte une garantie contre ce risque et rend rentable l'achat de semences de qualité supérieure.

Le but de l'amélioration des plantes est de créer de nouvelles combinaisons de gènes qui apportent des avantages aux agriculteurs dans le cadre spécifique de leur système de production. En amélioration des plantes conventionnelle cela s'obtient en deux étapes clés. Dans un premier temps, on réalise des croisements entre les matériels disponibles porteurs de caractéristiques intéressantes afin de générer une population de nouveaux génotypes. Dans un deuxième temps, on pratique une sélection au sein des descendances de ces croisements pendant plusieurs générations (en pratique environ huit) afin d'identifier les meilleures lignées répondant aux besoins des agriculteurs. Durant ce processus de sélection, ces lignées tendent à devenir de plus en plus homogènes, jusqu'à ce que chacune d'entre elles puisse être considérée comme une variété nouvelle et distincte. Ces nouvelles variétés sont alors évaluées, et le cas échéant, sortent de la recherche pour devenir des produits commerciaux multipliés à grande échelle et largement diffusés. La création des variétés hybrides F1 relève d'une stratégie quelque peu différente comme nous le verrons plus loin dans ce chapitre.

Les objectifs de la sélection

Pour améliorer une espèce cultivée, les sélectionneurs sont amenés à considérer un grand nombre d'objectifs différents. L'augmentation du rendement est bien sûr le plus évident mais aussi le plus complexe parce que le rendement est la résultante d'un grand nombre de facteurs plus ou moins indépendants. L'essentiel des gains de rendement obtenus ces cinquante dernières années provient de l'amélioration du critère «indice de récolte» par la réduction du développement de l'appareil végétatif des plantes (Figure 5) qui présente en outre l'avantage de faciliter les interventions culturales et la récolte. Des caractéristiques telles que la résistance aux maladies ou à la verse (plantes couchées sur le sol du fait de la faiblesse des tiges) contribuent également au rendement mais peuvent être aussi évaluées et sélectionnées pour elles-mêmes. La résistance aux maladies est un objectif de sélection majeur quelle que soit l'espèce considérée. Mais souvent ces résistances reposent sur un seul gène et peuvent, dans bien des cas, être assez facilement contournées par une mutation du pathogène et donc perdues. C'est pourquoi les sélectionneurs cherchent à établir ces résistances sur des bases beaucoup plus larges (résistances multigéniques) afin de les rendre plus durables.

Figure 5. Sorghos traditionnels de haute taille et sorghos nains modernes, illustrant l'amélioration de l'index de récolte obtenu par la sélection.

Aujourd'hui, l'accent est mis sur une approche globale de l'amélioration de caractéristiques physiologiques complexes telles que la résistance aux stress. Il peut s'agir d'améliorer la résistance d'une espèce donnée à la chaleur, au froid, à la sécheresse ou à la salinité des sols afin d'élargir sa zone ou sa période de culture. En plus de

cela, de très nombreux critères de qualité sont attachés à l'utilisation du produit après la récolte et peuvent être d'une importance capitale pour la transformation qu'elle soit industrielle ou domestique. Parmi les exemples bien connus on peut citer les variétés de maïs améliorées pour la qualité de leurs protéines ou les variétés de tournesol à haute teneur en huile. Les variétés de riz Nerica *(New Rice for Africa)* visent à combiner la forte productivité du riz d'origine asiatique *(Oryza sativa)* à la rusticité et à l'adaptabilité du riz traditionnel africain *(Oryza glaberrima)*.

Les systèmes de reproduction des plantes

Pour créer une variété, les sélectionneurs doivent prendre en compte les caractéristiques biologiques propres à l'espèce qu'ils cherchent à améliorer, et tout particulièrement son mode de pollinisation, c'est-à-dire sa biologie florale.

Les espèces autogames

Ces espèces s'autofécondent naturellement et par conséquent tendent à présenter une gamme de variabilité génétique assez étroite. En principe, si toutes les plantes d'une variété découlent d'une unique plante génétiquement homogène (c'est-à-dire homozygote), et si cette variété est bien multipliée, toutes les plantes constituant la variété sont identiques. Si une certaine variation existe au sein de la variété, il ne peut normalement s'agir que de la coexistence d'un petit nombre de lignées, distinctes mais génétiquement très proches, chacune d'entre elles s'autofécondant et se reproduisant donc à l'identique. Le niveau réel de la variabilité génétique au sein de la variété dépend en fait de la rigueur avec laquelle elle a été sélectionnée. Des mutations génétiques spontanées peuvent intervenir, donnant naissance à des plantes différentes de celles constituant normalement la variété, appelées hors-types; généralement ces hors-types sont assez aisément identifiables au sein d'une population constituée d'individus tous semblables et peuvent être éliminés. Les espèces autogames ont généralement une structure des fleurs qui facilite l'autopollinisation au sein même de la fleur et, surtout, elles peuvent se reproduire ainsi générations après générations, sans manifester aucun effet négatif dû aux autofécondations répétées.

▥ Les espèces allogames

Ces espèces s'hybrident naturellement et disposent de divers mécanismes qui réduisent ou empêchent l'autopollinisation. Ce peut être un système génétique, par exemple une auto-incompatibilité qui empêche un grain de pollen d'une plante de fertiliser une fleur de cette même plante ; mais aussi une disposition physique ou un décalage de maturité des organes de reproduction qui minimise la probabilité d'une autofécondation (comme chez le mil, Figure 6). Le maïs est un autre bon exemple, avec des fleurs unisexuées très nettement séparées sur la plante : la panicule mâle au sommet de la plante et les épis femelles à l'aisselle des feuilles. La pollinisation croisée entraîne une recombinaison systématique des gènes avec pour conséquence une très grande variabilité génétique au sein de la variété. De plus, ces fécondations peuvent résulter de grains de pollen issus de plantes qui lui sont étrangères, créant une contamination génétique et donc un élargissement de la variabilité génétique de cette variété. Il s'ensuit

Figure 6. Le mil pénicillaire ou mil à chandelle est une espèce allogame anémophile (pollinisée par le vent) ; dans un premier temps les stigmates émergent des fleurs (à gauche) puis à un stade plus tardif (à droite), les stigmates flétrissent et les anthères libèrent leur pollen ; de cette façon, l'autofécondation est minimisée.

que la production des semences de variétés d'espèces allogames est en général plus délicate du fait de ce risque concernant leur pureté génétique. Lorsqu'elles sont artificiellement autofécondées, au moyen de diverses techniques, les plantes allogames expriment généralement une perte de vigueur qui s'accroît au fil des générations. Ce phénomène est appelé dépression due à la consanguinité ou plus simplement dépression consanguine.

La plupart des céréales et des légumineuses à grosses graines que nous cultivons sont des espèces autogames et il est probable que ce type de pollinisation ait été plus ou moins consciemment sélectionné au cours de leur domestication car il favoriserait la fertilité et par voie de conséquence le rendement en grains. Parmi les espèces allogames les plus importantes au niveau mondial on peut citer le maïs et le tournesol. Certaines ont des biologies florales intermédiaires, souvent très dépendantes des conditions environnementales : il en est ainsi pour le sorgho ou la fève qui peuvent présenter dans certains cas jusqu'à 30 % de pollinisations croisées. De très nombreuses espèces potagères sont allogames, en particulier les brassicacées (en raison d'un système d'auto-incompatibilité), les cucurbitacées (du fait de fleurs unisexuées) ou encore les oignons. Elles sont toutes fécondées grâce aux insectes. En revanche, on notera que la tomate est fortement autogame alors que des espèces très voisines comme le poivron ou l'aubergine sont partiellement allogames du fait d'une structure physique de fleur différente. Tous ces aspects sont bien sûr pris en compte pour la production de semences hybrides de ces espèces.

Les méthodes de l'amélioration des plantes

Les spécialistes de la production des semences doivent avoir des notions de base en amélioration des plantes puisqu'ils en utilisent les produits finaux ; nous aborderons donc ici le sujet rapidement, renvoyant le lecteur à la bibliographie.

Les étapes clés de la création des nouvelles variétés de plantes autogames sont les suivantes :
– la collecte et l'évaluation de la variabilité génétique disponible, afin d'identifier les caractères d'intérêt existant au sein de l'espèce et des espèces proches ; c'est ce qu'on appelle communément les ressources génétiques ;

– l'hybridation, en réalisant des croisements entre les géniteurs que l'on a identifiés afin d'obtenir de nouvelles combinaisons de gènes ;
– la sélection des descendances pendant plusieurs générations, pour identifier et fixer de nouvelles combinaisons prometteuses ;
– puis vers la fin de l'étape précédente, l'évaluation des nouvelles lignées ainsi créées, pouvant prétendre à devenir des variétés intéressantes.

L'hybridation est réalisée dans des conditions contrôlées entre des matériels issus de la collection de ressources génétiques dont dispose le sélectionneur. Le choix des croisements repose sur la connaissance qu'il a de son matériel, sur son expérience, sur les informations disponibles associées aux ressources nouvellement introduites dans la collection. Pour les espèces qui sont depuis longtemps déjà soumises à une sélection intensive, la probabilité d'obtenir ainsi un progrès majeur est extrêmement faible ; c'est pour cette raison que les sélectionneurs réalisent généralement chaque saison plusieurs centaines de croisements. Étant donné que les moyens disponibles pour réaliser ce travail sont toujours limités, il est essentiel de conduire une sélection aussi efficace que possible en sachant bien concentrer ses efforts sur les descendances les plus prometteuses.

Un croisement s'effectue en transférant le pollen du parent mâle sur le stigmate de la fleur à féconder. Chaque croisement ainsi réalisé conduit à de nouvelles combinaisons des gènes. Étant donné la petite taille des fleurs de la plupart des céréales, c'est une opération fastidieuse, qui requiert attention et dextérité ; mais une fois la pratique acquise, un technicien expérimenté peut réaliser plusieurs dizaines de croisements par jour. Si la plante peut s'autoféconder, comme chez les céréales, il faut auparavant éliminer les anthères des fleurs du parent femelle, de façon à ce que ce soit bien le croisement désiré qui se réalise.

Chaque croisement est identifié individuellement et les graines obtenues récoltées à maturité : il s'agit de la génération dite F1 (dérivé de l'anglais *first filial*). Les graines F1 ainsi obtenues sont semées pour produire la génération F2, au niveau de laquelle toute la variabilité génétique du croisement va s'exprimer. Le processus est répété ainsi pendant plusieurs générations successives, le sélectionneur éliminant à chaque génération les descendances ne présentant pas d'intérêt sur la base des critères de sélection retenus. De cette façon, le nombre de descendances suivies ainsi que le volume global du programme de sélection demeure à un niveau gérable. Au cours des premières générations de ce processus, il est possible de sélectionner pour des caractères spécifiques ou pour le type de plante, mais pas pour le rendement qui nécessite, pour son évaluation, des parcelles de plus grande taille.

Les procédés et les savoir-faire pour réussir un croisement contrôlé sont propres à chaque espèce. Par exemple, les épis femelles du maïs sont ensachés pour prévenir tout croisement accidentel; de même, les tournesols sont mis sous sacs pour empêcher les visites d'insectes (Figure 39, Chapitre 8). En règle générale, les fleurs de grande taille sont plus faciles à manipuler. Un seul croisement réalisé sur une cucurbitacée comme le melon ou la courge est suffisant pour produire des centaines de graines, alors que chez les légumineuses les manipulations sont plus délicates et chaque gousse obtenue ne contient que quelques grains. Tous ces éléments se rattachant à la structure physique de la fleur, au mode de pollinisation et de fructification, sont à considérer avec beaucoup d'attention pour produire des semences hybrides dans de bonnes conditions.

Une grande partie du savoir-faire – ou de l'art – de l'amélioration des plantes consiste à savoir identifier aussi précocement que possible les descendances prometteuses au cours du processus de sélection et de bien comprendre les contributions de chacun des parents. Ainsi, les sélectionneurs expérimentés accumulent au fil du temps une somme considérable de connaissances sur leur matériel, qui peut les guider vers des résultats plus performants, voire plus inspirés. Le développement rapide de la génétique moléculaire permet aux sélectionneurs de pratiquer une sélection assistée par marqueurs qui consiste à identifier et localiser dans le génome avec une très grande précision les gènes d'intérêt grâce à des ensembles d'étiquettes ou marqueurs génétiques qui balisent les chromosomes. Cette technique rend le processus de sélection considérablement plus efficace, tout particulièrement au cours des premières générations (F2-F4) quand les descendances sont encore en pleine ségrégation et révèlent leur diversité génétique.

Certains sélectionneurs émettent des préoccupations sur le fait qu'au cours du processus de sélection, les efforts ont été concentrés sur un nombre restreint de pools de matériel génétique, avec le risque de réduire la variabilité génétique des variétés et de rendre celles-ci plus vulnérables à de nouvelles agressions. C'est pour cette raison qu'il est très important de toujours chercher à introduire du matériel génétique nouveau et élargir les ressources disponibles pour l'hybridation. Cela implique qu'il faut conserver et évaluer autant qu'il est possible toute la diversité génétique existante, aussi bien chez les espèces apparentées que dans les agricultures traditionnelles et les variétés locales. L'identification et l'exploitation d'un seul gène nouveau peut avoir des répercussions sur l'ensemble des programmes de sélection mondiaux ; ainsi, l'introduction des gènes de semi-nanisme chez le riz et le blé ont été des éléments essentiels de la réussite de la Révolution Verte au cours des années 1960.

Sélection et évaluation

Durant le processus de sélection sur les générations qui suivent l'hybridation, le nombre de lignées issues de chaque croisement original ne cesse de diminuer, et dans le même temps l'homogénéité des lignées conservées augmente ainsi que la quantité de matériel végétal dont on dispose pour chacune d'entre elles. Ainsi, à partir d'un certain stade, généralement vers les générations F4 ou F5, il devient possible de réaliser les premiers tests de productivité sur des petites parcelles tout en poursuivant le processus de sélection. Ces essais permettent au sélectionneur de continuer à éliminer les lignées jugées les moins intéressantes. Ensuite, la taille des essais de rendement augmente et ils peuvent être dupliqués de façon à parvenir à des résultats plus fiables. À partir de la génération F7, le sélectionneur peut en général évaluer les chances pour une lignée de déboucher sur une véritable variété.

Toutes les activités décrites ci-dessus sont normalement conduites dans une station de recherche sous le contrôle direct du sélectionneur. Cependant, les conditions de cette station peuvent être assez différentes de celles des champs des agriculteurs, particulièrement s'il s'agit de petits exploitants ou de l'agriculture de subsistance. Pour cette raison, il est courant, à ce stade, de mettre en place des essais à la ferme afin de confirmer les performances de la variété potentielle dans les conditions des pratiques locales. Bien faire coïncider les critères de sélection avec les véritables besoins et situations des agriculteurs est une préoccupation des sélectionneurs qui a pris de plus en plus d'importance ces dernières années et a débouché sur la sélection variétale participative et à une approche plus participative des programmes d'amélioration des plantes (traités un peu plus loin dans ce chapitre).

Les différents types de variétés

La méthode de sélection appliquée à une espèce est bien sûr fortement dépendante du type de variété que l'on cherche à mettre au point, et le type variétal impose à son tour les voies et méthodes à utiliser pour multiplier la variété. Les variétés de plantes autogames se présentent classiquement sous la forme de lignées pures, c'est-à-dire de variétés dérivant d'une plante unique ou d'un tout petit nombre de plantes identiques ayant subi plusieurs générations de sélection, comme cela a été décrit ci-dessus. En principe, une variété lignée doit être parfaitement homogène tant du point de vue génétique que phénotypique.

Au contraire, l'archétype des variétés d'espèces allogames correspond à une population en fécondation libre, plus communément désignées sous le terme de variété population ou encore variété OP correspondant à l'expression anglo-saxonne «*open pollinated variety*». Ces variétés étaient classiquement améliorées par sélection massale, c'est-à-dire en éliminant de la population étudiée les individus les moins performants ou les moins bien adaptés afin d'essayer de concentrer les gènes d'intérêt dans un pool génétique plus réduit. Cependant, de telles variétés demeurent toujours assez hétérogènes et doivent être en permanence l'objet de soins très attentifs afin d'éviter une dispersion plus grande encore de leur variabilité interne du fait des croisements au sein même de la population, ou plus grave encore, de contaminations découlant de pollens étrangers à la population. Il s'agit d'un travail à la fois lourd et délicat pour le sélectionneur, mais encore plus pour le producteur de semences qui doit gérer tous ces problèmes à grande échelle. L'étendue de cette variabilité peut nécessiter une épuration sévère des productions de semences, allant parfois jusqu'à éliminer de l'ordre de 10 % des plantes à chaque génération afin de maintenir la variété dans les limites de ses caractéristiques. Du fait des difficultés de gestion des populations en fécondation libre, diverses approches alternatives ont été mises au point pour les espèces allogames, en particulier les hybrides F1 encore appelés hybrides simples.

Le développement commercial des variétés de maïs hybrides F1 a commencé aux États-Unis dans les années 1950[4]. Elles dominèrent rapidement le marché américain et cette technologie fut rapidement adoptée au plan mondial par la plupart des grandes régions maïsicoles des pays développés. Un hybride F1 est le produit du croisement contrôlé entre deux lignées consanguines, c'est-à-dire chacune issue de plusieurs générations successives d'autofécondation. Le résultat de ce croisement est une génération F1 parfaitement homogène, présentant

---

[4] Plus précisément, les premiers hybrides de maïs (hybrides doubles) sont apparus aux États-Unis à partir de 1936. En France et en Europe, ils n'ont été cultivés qu'à partir de 1955. Les hybrides doubles ont été progressivement remplacés par des hybrides trois voies à la fin des années 1960. Les hybrides simples ont commencé à se généraliser à partir de 1975 et représentent aujourd'hui la quasi-totalité des variétés cultivées (NdT).

en outre le bénéfice d'une plus grande vigueur résultant de l'hétérosis lié à ce type de génotype. Les bases génétiques de l'hétérosis ou vigueur hybride ne sont toujours pas parfaitement élucidées mais, dans la pratique, les bénéfices de ce phénomène sont très largement exploités au travers de la multitude des variétés hybrides F1 cultivées aujourd'hui à travers le monde.

Au delà de l'homogénéité et de la vigueur qu'ils manifestent au champ, les hybrides apportent plusieurs avantages supplémentaires. Pour le sélectionneur, un hybride F1 est une variété à obtention immédiate car de nouvelles combinaisons de caractères peuvent être créées très rapidement à partir d'une large collection de lignées consanguines bien documentées et sans la nécessité de plusieurs générations de sélection pour atteindre une homogénéité satisfaisante (ci-dessus). Pour le producteur de semences, les hybrides F1 nécessitent un contrôle attentif de la pollinisation au champ, selon des procédures désormais bien rodées qui, si elles sont bien conduites, débouchent sur des produits de très haute qualité. Au contraire, la gestion des populations éminemment variables des variétés OP repose sur des pratiques difficilement normalisables, elle est donc rarement bien mise en œuvre. Au final, pour un établissement semencier, étant donné que les qualités de l'hybride F1 ne se retrouvent pas au niveau de la génération F2 que l'agriculteur pourrait être tenté de reprendre à des fins de semences, les variétés F1 présentent l'avantage considérable d'un volume de vente assuré chaque année, garantissant ainsi la continuité d'un retour sur les investissements consentis. Cela signifie aussi que la semence et le produit consommation sont nettement distincts ce qui permet au niveau commercial de fixer un prix plus élevé pour les variétés hybrides. Exprimé autrement, on peut dire que les hybrides F1 offrent une protection biologique de la propriété intellectuelle des variétés végétales pour autant que soient maîtrisées la détention et l'utilisation des lignées parentales.

Le fait qu'il n'y a généralement aucun intérêt à récupérer et utiliser les grains produits par une variété F1 comme semence de ferme continue de faire débat. L'utilisation de variétés F1 rend assurément les agriculteurs dépendants des entreprises semencières, mais il s'agit là d'une question de choix. Cultiver des hybrides F1 peut effectivement aider un agriculteur à maximiser la productivité d'une surface agricole donnée pourvu qu'il dispose des intrants nécessaires à leur valorisation, et cette stratégie sera préférée par les agriculteurs dont les récoltes sont destinées à la vente. Inversement, les agriculteurs dont la production est essentiellement autoconsommée ou dont l'accès à la trésorerie ou aux intrants est limité, ne souhaitent généralement pas devoir chaque année acheter de nouvelles semences et préfèrent par conséquent utiliser des variétés non hybrides avec la possibilité d'utiliser une partie des grains récoltés comme semences sur leur exploitation.

Il est faux de dire que les hybrides ne présentent un intérêt que pour les grandes exploitations produisant pour un marché. La Kenya Seed Company a connu un très grand succès en commercialisant des petits conditionnements de semences de maïs hybrides auprès de milliers de petits agriculteurs. De même, le mil hybride a eu un impact positif considérable dans les régions sèches de l'Ouest de l'Inde où les conditions de culture peuvent être très difficiles. Dans les deux cas, les avantages procurés par une croissance plus vigoureuse et/ou une maturité plus précoce lorsque la saison de culture est courte compensent largement le coût supplémentaire des semences hybrides.

L'un des problèmes associés à la production des semences hybrides est la perte de vigueur des lignées parentales engendrée par la consanguinité qui diminue leur potentiel de production et les rend plus vulnérables aux divers stress qu'elles peuvent avoir à subir dans les champs. Différents types de variétés hybrides ont été développés afin de remédier à ce problème (Figure 7), en particulier les hybrides trois voies (HTV) et les hybrides doubles (HD). Deux lignées consanguines, pas trop éloignées génétiquement, sont croisées afin de produire une variété F1, exprimant une certaine vigueur hybride par rapport aux deux lignées parentales, qui servira de femelle. Cette dernière est à son tour fécondée par une troisième lignée consanguine choisie comme mâle, donnant ainsi naissance à des semences hybrides trois voies. Le prix de revient des semences est inférieur grâce au rendement beaucoup plus élevé du parent femelle, mais avec pour contrepartie une légère perte d'homogénéité de la variété par rapport à un hybride simple. Dans le cas des hybrides doubles, chacun des deux parents du croisement final est lui-même un hybride F1 issu de deux lignées consanguines, mettant ainsi en jeux quatre parents. Cela diminue encore le prix de revient des semences mais réduit un peu plus l'homogénéité de la variété ainsi que sa vigueur.

Une autre stratégie permettant de réduire l'hétérogénéité des variétés des espèces allogames est la mise au point de «variétés synthétiques» obtenues en croisant un petit nombre de constituants[5] de départ afin

---

[5] Le terme «constituant» est volontairement imprécis : il peut tout aussi bien s'agir de lignées plus ou moins consanguines, d'hybrides, de clones, de populations... (NdT).

de créer une nouvelle population. Cependant, ce type de variété peut se révéler lui aussi difficile à gérer car la variabilité génétique de la population a tendance à augmenter au fil des générations de multiplication nécessaires à la production des semences.

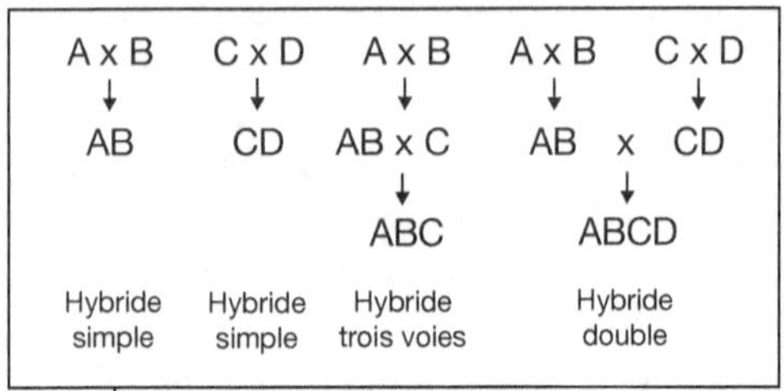

Figure 7. Quelques types d'hybrides possibles à partir de quatre lignées A, B, C, D. Il existe aussi des hybrides « lignées x population », « population x population », etc.

L'évaluation officielle des variétés

Au-delà des objectifs de sélection, les sélectionneurs doivent aussi prendre en compte les essais et les évaluations qui vont intervenir en fin de programme sur la base des besoins des agriculteurs, pour faciliter l'adoption des nouvelles variétés. La plupart des pays ont mis en place un service officiel chargé d'évaluer les nouvelles variétés et, si elles satisfont à tout un ensemble de critères, de les inscrire au final sur une Liste officielle ou Catalogue officiel des variétés.

Des essais sont ainsi mis en place pour obtenir une évaluation indépendante des nouvelles variétés, tant au niveau des performances agronomiques au champ qu'en ce qui concerne la valeur du produit récolté du point de vue de l'utilisateur final, qu'il soit industriel transformateur ou consommateur direct. Tous ces aspects pré-récolte et post-récolte sont évalués au travers d'un ensemble d'essais et de tests rassemblés sous le vocable de épreuve (ou examen) de la Valeur Agronomique et Technologique de la nouvelle variété ou VAT. Ces expérimentations sont généralement conduites sur plusieurs lieux et cela sur deux ou trois années ou saisons de culture ; elles doivent être organisées en réseau et selon des dispositifs expérimentaux et des systèmes de collecte de données rigoureux. Les résultats sont enregistrés dans des formats standard permettant de les analyser statistiquement. Des programmes informatiques adaptés permettent de comparer les résultats des variétés candidates sur différents lieux et différentes années à ceux des variétés de références servant de témoins ; ils peuvent également, le cas échéant, prendre en compte les parcelles manquantes et autres petits accidents pouvant survenir sur les sites expérimentaux. Ces analyses statistiques rigoureuses permettent d'utiliser au mieux l'ensemble des résultats exploitables, pourvu que les essais eux-mêmes aient été correctement mis en place et suivis.

Les caractères observés dans les essais variétaux dépendent bien sûr de l'espèce considérée et des besoins spécifiques des agriculteurs. Il s'agit de caractères agronomiques comme la résistance à la verse ou la résistance à un parasite, la durée du cycle semis-récolte, le rendement, etc. Ils concernent également des caractères de qualité post-récolte en rapport avec l'utilisation du produit récolté, que ce soit pour une transformation industrielle (comme le maltage de l'orge ou la mouture du blé) ou un usage domestique (comme le temps de cuisson et les qualités culinaires du riz). Lorsque production et consommation sont essentiellement locales, comme c'est le cas dans de nombreuses communautés rurales, il peut y avoir des préférences bien marquées pour certaines caractéristiques culinaires, ce qui donne une dimension sociale à l'amélioration des plantes et la sélection variétale. Comme cela a été dit plus haut, les essais à la ferme sont essentiels pour apprécier l'acceptabilité des nouvelles variétés par les agriculteurs et leurs résultats doivent être pris en compte au même titre que ceux des essais plus officiels pour décider de l'inscription des variétés sur la Liste nationale.

Depuis les années 1960, un autre type d'examen a été introduit, portant sur les caractéristiques botaniques de la nouvelle variété et connu sous le vocable d'épreuve (ou examen) DHS, pour Distinction, Homogénéité et Stabilité. « Distincte » signifie que la nouvelle variété est différente de toutes les variétés déjà connues ; « Homogène » signifie qu'il n'y a pas de variabilité au sein de la population de plantes qui constitue la variété ; « Stable » signifie que cette distinction et cette homogénéité observées sont maintenues au cours des multiplications successives de la variété. Ces trois critères sont très étroitement liés : ainsi, il serait extrêmement difficile de prouver la distinction ou de maintenir la stabilité d'une variété si celle-ci n'était pas suffisamment homogène[6].

---

[6] Voir dans le glossaire les définitions officielles, selon la Convention UPOV 1991, de ces critères DHS (NdT).

L'épreuve DHS repose sur une observation et une description écrite extrêmement minutieuses d'un certain nombre de plantes représentant la variété selon une liste de descripteurs standard adaptée à chaque espèce. Cette liste est principalement fondée sur des caractères morphologiques observables et mesurables à l'œil (ou si nécessaire à la loupe), complétés, le cas échéant, par des analyses au laboratoire pour des critères biochimiques ou pathologiques. Jusqu'à ce jour, l'utilisation des techniques de biologie moléculaire pour l'identification en routine des variétés par les empreintes génétiques a rencontré des oppositions du fait des complications qui pourraient survenir suite à la mise en évidence de variations mineures au niveau moléculaire. L'épreuve DHS n'a pas besoin d'être conduite en pluri-local car n'ont été retenus, pour décrire les variétés, que des caractères peu ou pas influencés par l'environnement. Cependant, deux lieux apportent une sécurité en cas d'accident cultural et permettent de confirmer les résultats.

Les résultats des épreuves DHS n'ont généralement aucun rapport avec les préoccupations d'ordre agronomique ; ce qui intéresse les agriculteurs, ce sont de bonnes variétés. Cependant, ces études permettent d'éviter tout risque de confusion sur les marchés, ne serait-ce qu'en empêchant qu'une même variété soit vendue sous plusieurs noms différents, ce qui dans le passé a provoqué des problèmes. La raison d'être des tests DHS s'est imposée, principalement en raison de l'accélération des programmes de sélection et de la concurrence très vive à laquelle se sont livrées les entreprises commerciales depuis une cinquantaine d'années, qui a conduit à la création d'un grand nombre de variétés souvent très proches. Aussi, toute obtention d'un titre légal de protection, quel qu'en soit le motif, exige que la description de la variété soit extrêmement précise.

L'inscription des variétés sur le Catalogue officiel

Les résultats et les informations résultant des examens VAT et DHS sont examinés par une instance technique jouant le rôle de Comité national d'homologation des variétés cultivées. Les variétés approuvées par ce Comité sont inscrites sur une Liste officielle ou Catalogue officiel, et peuvent alors être mises sur le marché et cultivées. En désignant les variétés qui peuvent être multipliées, certifiées et commercialisées, cette Liste nationale joue, dans beaucoup de pays,

un rôle essentiel pour l'industrie semencière. De ce fait, l'inscription au catalogue constitue l'un des piliers des systèmes semenciers formels comme cela est montré à la figure 1 (Chapitre 1).

Les résultats des épreuves VAT sont également utiles pour élaborer des conseils concernant l'utilisation des variétés : zones agro-climatiques les plus adaptées, saisons de culture, utilisations post-récolte. Ces éléments rassemblés définissent un domaine de recommandation exprimant les vocations de la variété. Ces informations permettent aux services de vulgarisation de conseiller les agriculteurs mais aussi aux entreprises commerciales de faire la promotion de leurs variétés. En général, durant les deux ou trois ans qui suivent l'inscription au catalogue, des essais à grande échelle sont conduits chez les agriculteurs afin de préciser le comportement et les qualités de la variété dans les conditions de terrain, permettant ainsi aux conseillers agricoles et aux équipes commerciales d'affiner leurs recommandations. Dans quelques pays (en particulier les États-Unis), il n'existe aucune obligation ou système officiel pour l'évaluation et l'inscription des variétés ; la mise sur le marché d'une variété est, dans ces conditions, une décision purement commerciale prise par le sélectionneur. Toutefois, des essais agronomiques, similaires à ceux évoqués ci-dessus, sont mis en place afin de fournir les informations nécessaires aux agriculteurs. Ils peuvent être réalisés par les services de vulgarisation agricole, des coopératives, voire même des associations d'agriculteurs sur leur propre exploitation.

Maintenance variétale et production des semences de souche

Quand une variété est inscrite au catalogue et entre dans sa phase de production commerciale, il est de la responsabilité du sélectionneur de maintenir la nouvelle variété dans sa forme originale et de produire chaque année la petite quantité de semences de souche ou semences du sélectionneur ou encore semences fondatrices, nécessaire à l'initiation d'un nouveau cycle de multiplication comme cela est illustré à la figure 8. Cette activité constitue le premier maillon de la filière de production des semences et doit être poursuivie pendant toute la durée de la vie commerciale de la variété. Les procédures de la maintenance variétale sont très précisément définies et doivent être mises en œuvre avec beaucoup de soin afin que ces semences de souche soient de la meilleure qualité possible. Malheureusement, ce n'est pas toujours

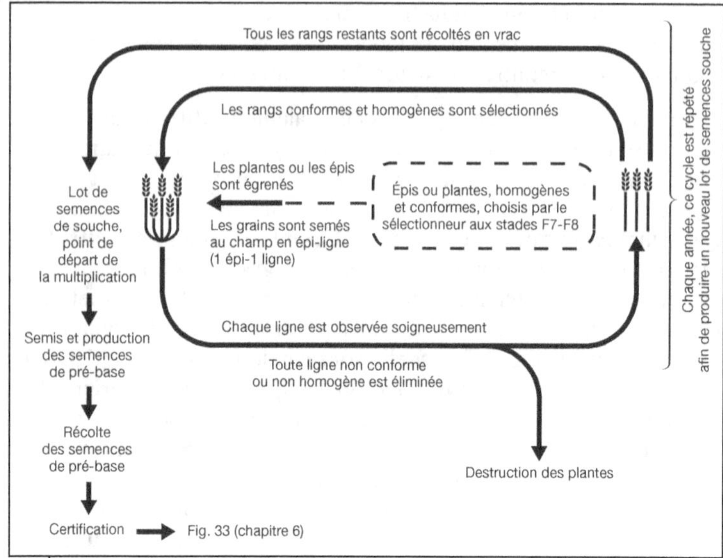

Figure 8. Schéma de maintenance variétale pour une céréale autogame (pour les légumineuses à grosses graines, les semis se font en plante-ligne (1 plante-1 ligne).

le cas, du fait des moyens limités dont dispose le sélectionneur, mais aussi parce que ce dernier peut être réticent à consacrer une partie de ses moyens à cette tâche routinière, préférant les affecter aux activités de création variétale, beaucoup plus gratifiantes. C'est pourquoi il n'est pas rare, dans le cadre des programmes semenciers nationaux, d'entendre des plaintes à propos de la qualité des semences de souche ou des semences de pré-base. Dans les cas extrêmes, les premières générations de multiplication doivent être épurées par les entreprises en charge de la production des semences commerciales avant de pouvoir prétendre à la certification. Dans le cas des hybrides F1, l'activité de maintenance consiste à produire des quantités suffisantes de semences pour chacune des lignées parentales dans des isolements très stricts ou au moyen de pollinisations manuelles contrôlées afin de garantir leur pureté génétique (Figure 39, Chapitre 8).

Une solution possible à ce problème est la mise en place d'une unité technique bien individualisée ayant la responsabilité de l'épuration, de la description et de la maintenance des variétés ainsi que de la production des quantités de semences de souche nécessaires : c'est-à-dire, en

charge de toutes les activités indispensables à la bonne gestion d'une variété. Une telle unité devrait être placée sous l'autorité du sélectionneur, qui bien sûr devra inspecter les parcelles, mais qui sera ainsi déchargé de toute implication directe dans les activités de routine. Une autre solution est de décider de confier toutes les activités de maintenance des variétés inscrites au catalogue aux entreprises semencières qui les commercialisent, étant donné que celles-ci ont bien sûr le plus grand intérêt à disposer de semences de souche de bonne qualité. Ce type d'accord peut, lui aussi, autant qu'il est nécessaire, être soumis à des contrôles effectués par le sélectionneur ainsi qu'à une certification des semences par une agence agréée.

Quelle que soit la solution choisie pour résoudre ce type de problème, il ne fait aucun doute que le transfert d'une nouvelle variété sélectionnée par le secteur public aux organisations en charge de sa multiplication et de sa diffusion constitue le maillon faible de nombreux programmes semenciers nationaux parce que cela implique plusieurs institutions distinctes. Au contraire, pour les variétés sélectionnées par le secteur privé, il y a un lien direct, ainsi qu'un évident et puissant intérêt commercial, entre les activités de sélection et les programmes de multiplication des semences qui leur font suite. Avec pour conséquence que la direction de l'entreprise mettra tout en œuvre pour éviter toute faiblesse ou cause de retard à ce stade critique.

Les différentes étapes de la vie d'une variété, depuis le croisement initial jusqu'à sa commercialisation sont résumées par la figure 9. Dans la réalité, il y a de nombreuses variantes à ce schéma dues aux conditions locales de culture, aux méthodes de sélection ainsi qu'aux réglementations nationales. Mais dans tous les cas, le processus de sélection et les démarches de pré-commercialisation de la variété exigent plusieurs années alors que le résultat final de tous les efforts consentis ne pourra être considéré comme acquis qu'une fois la variété plébiscitée et cultivée à grande échelle par les agriculteurs.

Variétés traditionnelles et cultivars locaux

Jusqu'ici, nous n'avons parlé que des variétés issues de la sélection moderne, mais qu'en est-il des variétés traditionnelles encore cultivées par de nombreux agriculteurs? On les désigne parfois par l'expression «cultivars locaux», mais qui peuvent concerner des surfaces très importantes avec cependant souvent une très grande variabilité génétique, aussi bien au plan local (dans un endroit donné) que d'un lieu à l'autre.

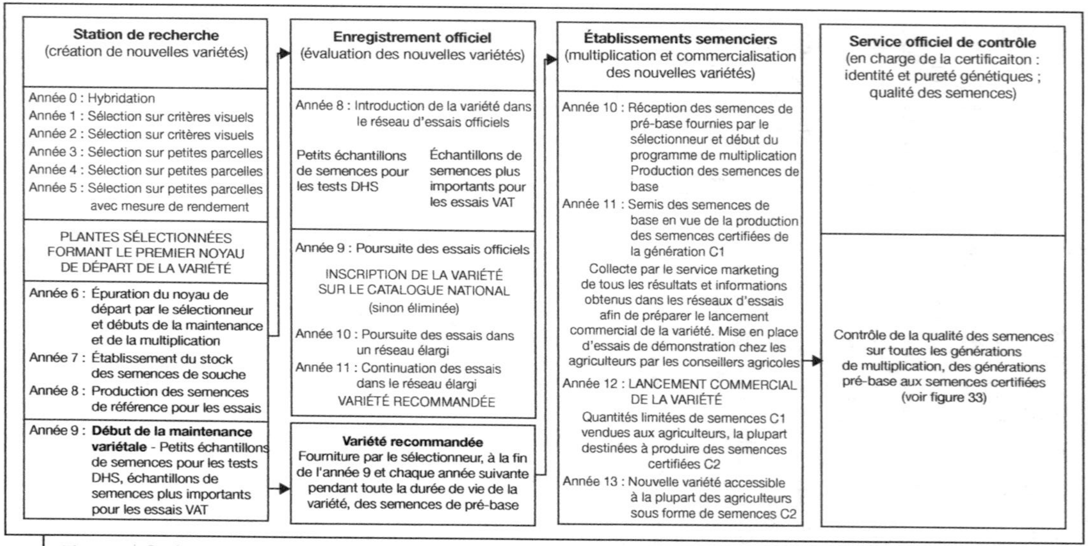

Figure 9. Opérateurs et activités intervenant dans le développement d'une nouvelle variété, depuis le croisement de départ jusqu'à sa commercialisation.

Ce schéma s'applique aux variétés « lignées » ; celui concernant les variétés F1 est nettement différent. Il s'agit d'une présentation globale, les durées exactes de chaque étape pouvant varier selon l'espèce et le pays considérés. Par exemple, tout le processus peut être accéléré s'il est possible de faire deux cycles culturaux par an. Les marqueurs moléculaires permettent une sélection beaucoup plus efficace sur les années 1 à 4. À partir d'environ l'année 8, le sélectionneur partage son matériel : une partie est consacrée à la maintenance et à la satisfaction des critères nécessaires à l'homologation ; l'autre partie est consacrée aux essais d'évaluation. Ce double objectif est parfois difficile à tenir car les quantités de semences. disponibles demeurent limitées, sachant que les activités d'épuration et de maintenance demeurent PRIORITAIRES. Les essais de la génération 8 sont souvent appelés essais préliminaires et les essais des générations 9 et 10 sont dits essais pré-commerciaux.

La structure génétique des variétés traditionnelles reflète naturellement le processus de sélection qui a permis de les obtenir. Pour les
espèces allogames, ces variétés traditionnelles sont des populations,
souvent très hétérogènes. Au contraire, les cultivars locaux d'espèces
autogames comme le riz sont constitués par l'assemblage d'un assez
grand nombre de lignées, très proches les unes des autres mais cependant distinctes, qui résultent du faible taux des croisements naturels au
sein de la variété. Cette variabilité peut constituer un avantage, pro-
curant à la variété traditionnelle une bonne capacité d'adaptation au
milieu et de résistance aux aléas. Quoi qu'il en soit, l'analyse génétique
des variétés traditionnelles révèle une source de diversité génétique
extrêmement riche à partir de laquelle les sélectionneurs modernes
ont pu créer un grand nombre de nouvelles variétés en identifiant et en
évaluant des lignées dérivées de ces populations. Dans certains cas, les
sélectionneurs reproduisent délibérément ce schéma, en créant eux-
mêmes de nouvelles populations à forte variabilité interne (appelées
parfois «composites»[7]), permettant de brasser un grand nombre de
gènes, au sein desquelles ils peuvent ensuite sélectionner du matériel
(lignées ou parents d'hybrides) prometteur.

Si, dans une région donnée, les agriculteurs manifestent une préférence marquée pour un type de variété en particulier, l'analyse et
l'amélioration des variétés traditionnelles locales permet au sélectionneur d'apporter des réponses rapides. On a alors affaire à des variétés
locales améliorées (VLA) qui ont toutes les chances d'être bien
accueillies par les agriculteurs, même si le gain de rendement qu'elles
apportent n'est pas au niveau de celui des variétés à haut rendement
ou (VHR). Il en a été ainsi pour l'amélioration du riz glutineux, appelé
aussi riz gluant ou riz collant, très apprécié dans une partie du Sud-Est
asiatique, dont l'amélioration avait été plutôt négligée par les grands
programmes de sélection alors que le sujet est de première importance
pour les sociétés qui préfèrent ce type de riz.

Certaines des variétés dites traditionnelles peuvent aussi être d'anciennes variétés issues de la sélection moderne, mais qui ont continué

---

[7] Il s'agit de populations obtenues par intercroisements de matériels élites issus de cycles
de sélection précédents, éventuellement complétés par des ressources génétiques plus ou
moins éloignées pour élargir leur variabilité génétique et introduire des gènes d'intérêt.
Elles sont en particulier utilisées dans les schémas de sélection récurrente. À ne pas
confondre avec les «variétés composites» qui sont des mélanges associant généralement
un hybride mâle-stérile très productif (80 à 85 %) à une lignée (composite hybride-
lignée) ou à un autre hybride (composite hybride-hybride) à 15-20 % chargé d'assurer
la pollinisation (NdT).

à être cultivées dans le secteur informel et ont même pu être plus ou moins améliorées par des agriculteurs. De même, un nouveau caractère spontanément apparu dans une variété locale peut avoir été repéré, sélectionné et multiplié par un agriculteur averti, et devient connu au travers du nom de la ferme ou du village d'où il provient. Ces exemples illustrent le rôle que le secteur semencier informel continue à jouer, tout particulièrement dans les environnements les moins favorisés. Alors que dans les régions à haut potentiel, le développement des variétés modernes a eu pour conséquence une certaine érosion génétique[8] du fait qu'elles ont pratiquement éliminé la quasi-totalité des variétés anciennes ou traditionnelles locales. C'est pourquoi la collecte et la conservation de ces anciens cultivars est une activité essentielle pour enrichir les ressources génétiques dont dépend tout programme d'amélioration des plantes.

L'un des problèmes des variétés traditionnelles est celui de leurs relations avec le corpus réglementaire actuel pesant sur l'évaluation et l'inscription au catalogue des variétés modernes. Le système a été progressivement élaboré par les sélectionneurs en fonction de leurs besoins et en ayant à l'esprit les variétés modernes, avec pour résultat que les variétés locales, même améliorées et sélectionnées, ne peuvent pas répondre aux critères imposés pour l'inscription. Ce fait est regrettable car ces variétés ne peuvent pas en général être «certifiées» ni s'intégrer dans le système semencier formel où elles pourraient bénéficier, comme leurs équivalents modernes, du système de contrôle de la qualité semencière.

Création et sélection variétales participatives

Comme cela a déjà été signalé, à compter du début du XXe siècle, les activités d'amélioration des plantes ont eu tendance à se développer dans des stations de recherche qui facilitaient leur mise en œuvre. Mais ce gain d'efficacité a eu pour inévitable contrepartie que l'environnement de la sélection pouvait alors différer des conditions agronomiques moyennes de l'agriculteur. Avec pour résultat que des variétés qui avaient donné de bons résultats sur la station de recherche

---

[8] Il s'agit là d'une opinion qui n'est pas partagée par le traducteur. Un certain nombre d'études récentes conduites en Europe (blé, maïs, orge, pomme de terre, pois) et en Afrique de l'Ouest (sorgho, mil, riz) n'aboutissent pas à ces conclusions et montrent même dans certains cas une légère augmentation de la variabilité génétique des variétés cultivées par les agriculteurs (NdT).

ne les confirmaient pas au niveau du terrain, ou ne correspondaient pas aux préférences locales des agriculteurs en matière d'utilisation domestique et de consommation. Ce biais dans le processus de sélection est surtout apparu pour les variétés destinées à l'agriculture de subsistance ou à des conditions environnementales de production particulièrement difficiles[9].

Les sélectionneurs ont résolu ce problème en mettant en place des essais à la ferme afin d'évaluer leurs lignées et leurs variétés nouvelles. Ce type d'essais peut même désormais être une condition nécessaire pour l'homologation officielle des variétés. Deux démarches supplémentaires ont été développées afin de rapprocher l'amélioration des plantes des besoins des agriculteurs. La première est la Sélection variétale participative (SVP), qui consiste à inviter des groupes représentatifs d'agriculteurs à évaluer et comparer une gamme de lignées en fin de fixation ou déjà fixées, présentées en parcelles expérimentales implantées en station ou à la ferme. Dans certains cas, ce sont les agriculteurs eux-mêmes qui gèrent ces essais et évaluent les qualités du produit post-récolte. À l'intérieur de ce concept général qu'est la SVP, on trouve de nombreuses variantes qui permettent d'optimiser les moyens disponibles en fonction des objectifs recherchés.

L'autre démarche, baptisée Création variétale participative (CVP) va encore plus loin en impliquant les agriculteurs dans le processus même de sélection : les agriculteurs reçoivent des sélectionneurs des descendances encore en ségrégation, plus ou moins du niveau de la génération F4 ; à partir de ce stade ils pratiquent leur propre sélection, souvent en parallèle avec la station de recherche, afin de voir si les deux groupes d'observateurs sont globalement cohérents ou au contraire divergent dans leurs décisions.

Les deux démarches, SVP et CVP peuvent être considérées comme des perfectionnements additionnels au processus d'amélioration des plantes qui permet une meilleure adéquation du produit final (les variétés) aux objectifs assignés que sont l'amélioration de la productivité pour les agriculteurs et une meilleure sécurité alimentaire au plan global. Bien sûr, ces activités doivent être en parfaite cohérence avec les programmes de production de semences. C'est pourquoi

---

[9] Les sélectionneurs des pays du Nord ont très tôt pris conscience de ce problème et créé dès la fin des années 1970 des réseaux d'essais et d'agriculteurs évaluateurs ainsi que des relations avec des industriels transformateurs et des panels de consommateurs afin de mettre leurs pré-variétés en situation dès les stades F4-F5. Mais cela n'a pas été le cas dans beaucoup de pays du Sud...

les variétés nouvelles issues de la SVP et de la CVP doivent être reconnues, identifiées et officiellement enregistrées, pour ne pas risquer d'être perdues par négligence ou de rester cantonnées à une petite région. Il est donc sans doute nécessaire que les réglementations nationales s'adaptent à cette situation en acceptant par exemple différents types de variétés, au même titre que pour les cultivars locaux améliorés dont il a été question plus haut.

Le rôle des centres internationaux de recherche agronomique

Il existe un réseau de 15 centres de recherche internationaux fonctionnant sous l'égide du Groupe consultatif pour la recherche agricole internationale ou CGIAR (Consultative Group on International Agricultural Research). Chacun de ces centres a un mandat pour travailler sur un certain nombre de secteurs concernant l'agriculture et la gestion des ressources naturelles comprenant, outre les grandes productions végétales, la forêt, la pêche, l'élevage et l'aménagement du territoire. Historiquement, l'amélioration génétique des espèces cultivées a été l'une des missions fondatrices de centres tels que l'Institut international de recherche sur le riz ou IRRI (International Rice Research Institute) et le Centre international pour l'amélioration du maïs et du blé ou CIMMYT (Centro Internacional de Mejoramiento de Maiz y Trigo) qui furent à l'origine de la Révolution Verte, et pratiquement tous les centres mènent des programmes d'amélioration des plantes sur les espèces dont ils ont le mandat. Leur rôle est de concentrer en un seul lieu les activités de sélection les plus stratégiques (et les plus onéreuses) avec toute l'expertise professionnelle et tous les moyens financiers nécessaires. À leur suite, les systèmes nationaux de recherche agricole ou NARS (National Agricultural Research Systems) ont pour charge de finaliser la sélection des descendances retenues par ces centres et de réaliser les essais nécessaires à leur adoption locale.

Concrètement, cela signifie que chaque année les centres diffusent un grand nombre de «pépinières», c'est-à-dire du matériel génétique nouveau. Il s'agit essentiellement de lignées ou de populations avancées mais aussi des variétés finies. Les NARS et les autres organismes recevant ce matériel interviennent alors pour les évaluer dans des réseaux locaux adaptés. Les variétés les plus prometteuses sont identifiées et finalement lancées sur le marché après avoir satisfait aux

règlements et formalités en vigueur dans le pays, comme évoqué plus haut. Ainsi, il appartient au final aux NARS de nommer et de définir les droits de propriété attachés aux variétés, puis de passer des accords avec des opérateurs sur le terrain pour leur multiplication et leur commercialisation. Aujourd'hui, la plupart des variétés améliorées des espèces végétales majeures mises sur le marché par les NARS ont pour origine les centres du CGIAR et leur diffusion auprès des agriculteurs est assurée par l'action combinée des acteurs publics et privés du secteur semences.

La protection de la propriété intellectuelle des variétés végétales

À moins que la variété ne soit de type hybride, elle peut être facilement, au plan technique, reproduite, multipliée et commercialisée par quiconque sans que ce dernier ait consenti le moindre investissement dans une recherche longue et coûteuse. Il en est de même pour les variétés de type clonal. Afin d'encourager les entreprises à investir dans les activités d'amélioration des plantes, il est essentiel qu'elles puissent obtenir des revenus issus de leurs variétés qui sont effectivement cultivées sur le terrain. Le «Droit d'obtenteur» assure au sélectionneur des droits de propriétés qui fixent les bases légales lui permettant de licencier l'exploitation de sa nouvelle variété à des tiers et de collecter en retour les redevances ou royalties correspondantes. Ces délégations de droit au travers de licences sont nécessaires car très généralement un sélectionneur d'une espèce de grande culture n'est pas en mesure de répondre à lui seul à l'ensemble de la demande, ne serait-ce qu'en raison des volumes de semences mis en jeu.

Le moyen le plus évident pour collecter une redevance est de l'ajouter au prix d'achat des semences certifiées, ce qui représente en général une majoration de l'ordre de 10 % pour une variété de céréale à la réputation bien établie. Si, dans une forte proportion, les agriculteurs renouvellent leurs semences chaque année en les achetant dans le cadre du secteur formel, cette redevance peut constituer une source de revenus satisfaisante pour le sélectionneur. Mais la collecte des royalties est rarement parfaite et l'objectif est donc d'atteindre un taux de renouvellement des semences aussi élevé que possible. Dans la pratique, cette collecte s'avère la plus efficace quand elle s'appuie sur un schéma de certification qui présente l'avantage, entre autres choses, de suivre et d'enregistrer les volumes de production et de commercialisation des semences pour chaque variété. Le système fonctionne moins bien lorsque l'on a affaire à une majorité de petits agriculteurs qui s'approvisionnent en priorité auprès du secteur informel puisqu'il est alors difficile de suivre l'utilisation des variétés. C'est pourquoi, si le système de protection de la propriété intellectuelle des variétés fonctionne de manière satisfaisante dans le contexte d'une agriculture commerciale bien organisée, il est beaucoup plus difficile de le mettre en œuvre et de collecter des redevances dans les régions tropicales où dominent les petites exploitations.

Le droit d'obtenteur relève du Droit civil et n'est donc pas du ressort direct des gouvernements. Ainsi, si un obtenteur estime que les droits qu'il détient sur une variété ont été enfreints, du fait par exemple d'une multiplication ou d'une commercialisation de semences non autorisée, il peut assigner en justice la partie adverse et demander une compensation pour la perte de revenus correspondante. Cependant, ces procédures sont le plus souvent assez laborieuses, longues, et rarement avantageuses au plan économique si les sommes mises en jeu sont faibles. C'est pourquoi, dans la pratique, le droit d'obtenteur est beaucoup mieux mis en application dans le cadre d'une concertation entre les parties plutôt que par le recours aux tribunaux civils.

Sur le plan technique, l'obtention d'un droit de propriété sur une variété exige que cette variété soit parfaitement décrite de façon à ce qu'il n'y ait absolument aucune ambiguïté sur l'objet protégé. À cette fin, on fait appel aux mêmes procédures que celles utilisées pour l'inscription des variétés sur un catalogue national, à savoir les conditions de la DHS : Distinction, Homogénéité et Stabilité. La variété doit être également «Nouvelle» et posséder une dénomination obéissant à un certain nombre de critères. Certains groupes communautaires souhaiteraient pouvoir conférer un niveau de protection équivalent aux variétés traditionnelles de sorte que leurs agriculteurs puissent bénéficier d'un retour pour les efforts de conservation et de gestion consentis durant des années. Bien que ces aspirations soient bien intentionnées, elles sont difficiles à satisfaire du fait du manque d'homogénéité intrinsèque qui caractérise les cultivars locaux (mais qui constitue aussi un de leurs avantages) et de la difficulté à définir et répartir sur une base équitable les droits de propriété au niveau de la collectivité.

L'alternative au Droit d'obtenteur est d'avoir recours à la protection biologique fournie par les variétés hybrides F1 en lieu et place des variétés populations ou lignées pures, comme cela a déjà été dit dans ce chapitre. Les sélectionneurs privés retiendront toujours cette option chaque fois qu'elle est possible, parce qu'ils peuvent fixer un prix plus élevé pour les semences hybrides, avec pour seule limite la loi du marché. De plus, dans le cas des plantes potagères à petites graines, les sélectionneurs ont souvent les capacités suffisantes pour produire eux-mêmes ou sous leur contrôle direct la totalité des quantités nécessaires à la diffusion de leurs variétés, et n'ont donc pas besoin d'avoir recours à des sous-traitants licenciés. En bref, pour toutes les espèces qui se prêtent facilement aux technologies hybrides, la protection biologique de la propriété intellectuelle apportée par les variétés hybrides est en règle générale extrêmement pratique et efficace.

Les variétés génétiquement modifiées

Les espèces non apparentées ne peuvent pas s'hybrider naturellement mais il est cependant possible de leur faire échanger des gènes en faisant appel aux techniques de la transformation génétique. Du fait des connaissances que les scientifiques ne cessent d'accumuler sur le génome des principales plantes cultivées, cette technique ouvre des opportunités considérables à l'amélioration des plantes. Une variété génétiquement transformée ou variété OGM ne diffère d'une variété dite classique que par la méthode au moyen de laquelle le nouveau caractère d'intérêt a été créé ou introduit. Un tel caractère d'intérêt peut être utilisé dans n'importe lequel des types variétaux adaptés à chaque espèce déjà décrits dans ce chapitre : par exemple, dans un hybride F1 de maïs ou une variété lignée pure de soja. Cependant, la technologie du transfert de gènes a un impact considérable sur tout le secteur de l'amélioration des plantes et du commerce des semences du fait que les sociétés qui mettent au point ces caractères d'intérêt prévoient assez naturellement de les breveter pour pouvoir ensuite accorder des licences pour leur utilisation dans des programmes de sélection. La protection de la propriété intellectuelle apportée par le brevet est beaucoup plus forte que celle accordée par le Droit d'obtenteur mais porte aussi avec elle des complications juridiques.

En dépit des possibilités véritablement extraordinaires que la transformation génétique ouvre à l'amélioration des plantes, le nombre de caractères d'intérêt introduits par voie transgénique dans les variétés cultivées demeure à ce jour très faible comparativement au volume des travaux réalisés. Les deux caractères d'intérêt ayant connu le plus grand développement commercial sont d'une part, la résistance aux larves de lépidoptères (chenilles) grâce aux gènes Bt et d'autre part la tolérance aux herbicides (en particulier le glyphosate, produit commercial Roundup). L'emploi de variétés OGM a été – et continue d'être ! – un sujet extrêmement polémique dans certains pays, bien que, à la date de rédaction de cet ouvrage, il n'existe aucune preuve évidente d'un quelconque effet néfaste sur l'environnement ou la santé humaine. Nombreux sont les scientifiques qui pensent que les technologies OGM doivent être pleinement exploitées si l'on veut véritablement répondre aux enjeux que pose l'agriculture tropicale.

3. Biologie des semences

Dans le règne végétal, les plantes à graines représentent le stade le plus avancé de l'évolution et dominent le monde végétal de la planète Terre. Des groupes moins évolués de plantes, tels que les mousses et les lichens, ont couvert la terre durant des millions d'années mais ils se reproduisent et se dispersent au moyen de spores qui sont plus fragiles que les graines. L'acquisition de la graine a marqué une étape décisive qui a permis aux plantes de coloniser des milieux terrestres très divers et toujours changeants.

Les graines fournissent aux plantes sauvages les moyens de survivre d'une saison à l'autre et de se disperser dans l'environnement. Également, elles véhiculent les nouvelles combinaisons de gènes résultant de la reproduction sexuée qui se réalise dans les fleurs. Ces fonctions réunies jouent un rôle clé pour l'évolution et l'adaptation des espèces, que les hommes ont su mettre à profit au travers de la domestication pour faire de certaines plantes sauvages des plantes cultivées. Ainsi, pour l'agriculture, les graines donnent la possibilité d'implanter chaque saison une nouvelle culture et d'introduire de nouvelles variétés.

Pour la majorité des céréales et des légumineuses à graines, une forte pression de sélection a été appliquée en faveur des gros grains afin d'accroître le rendement. Pour les espèces dont on utilise les parties végétatives (feuilles, tiges…) l'intérêt pour la taille des grains est moins évident, encore que pour les cultivateurs, les graines de petites tailles soient plus délicates à utiliser.

Les scientifiques s'intéressant aux plantes ont souvent recours aux graines et aux jeunes semis en tant que matériel expérimental. De ce fait, on dispose d'une très abondante littérature scientifique traitant de la biologie des semences, dont une partie seulement porte spécifiquement sur les semences en tant que telles, le reste s'intéressant plus généralement aux mécanismes en jeu dans le développement des plantes. Pour le spécialiste des semences, les points d'intérêt essentiels de la biologie des semences sont la structure physique de la graine (sa morphologie et son anatomie) et toutes les transformations métaboliques qui interviennent au cours de la formation de la graine jusqu'à sa maturité, durant son stockage et au moment de la germination (sa physiologie et sa biochimie). Tous ces sujets ont des répercussions déterminantes sur les manières dont nous manipulons les semences, depuis leur maturation sur la plante mère jusqu'à leur ensachage pour la commercialisation finale en passant par la récolte, le séchage, les divers traitements et opérations de conditionnement ; et ensuite sur les façons de semer, de favoriser la germination au champ et l'implantation de la nouvelle culture. Toutes ces activités peuvent en effet plus ou moins affecter le comportement de la graine nouvellement mise en terre. Un autre aspect de la technologie des semences concerne le contrôle de leur qualité au laboratoire, qui nécessite aussi une connaissance approfondie de la structure de la graine, de son développement et de sa physiologie.

La structure de la graine

Les trois principales parties de la graine sont : une enveloppe extérieure protectrice appelée testa, un embryon qui se développera au moment de la germination et des réserves nutritives qui permettront la croissance et le développement de l'embryon jusqu'à l'acquisition de l'autonomie par la jeune plantule. Il existe une grande diversité de formes pour chacune de ces parties.

La testa peut être relativement fine et aisément détachable ou au contraire se présenter comme une enveloppe très solide et protectrice limitant l'absorption de l'eau et l'accroissement en volume tant qu'elle n'a pas été ramollie ou brisée. Certaines graines (comme celles des céréales ou du tournesol) sont en réalité des fruits à une seule graine, et leur paroi externe est en fait constituée par l'enveloppe du fruit (ou péricarpe) qui a fusionné avec la testa. Ce détail n'a cependant pas d'incidence majeure sur la façon de manipuler les semences au quotidien. Certaines graines de céréales conservent les parties externes de la fleur (la glumelle inférieure ou lemme et la glumelle supérieure ou paléa), qui composent la balle du grain et fournissent une protection additionnelle. C'est le cas du riz et de l'orge, qui ont des grains « vêtus » alors que les grains de blé et de sorgho sont « nus » à maturité. Ainsi la première étape pour l'utilisation du riz paddy consiste à lui enlever sa balle, c'est l'opération de décorticage.

Chez la plupart des espèces, la testa est souple et sans caractéristique remarquable à l'œil, mais chez d'autres elle peut présenter une structure de surface complexe avec des ailes, des crochets ou des fibres, toutes choses qui peuvent contribuer à la dispersion naturelle des graines dans l'environnement. La fibre de la graine de cotonnier en est un parfait exemple et constitue même, dans ce cas particulier, le produit principal de cette culture. Les graines de tomates présentent également un chevelu à la surface de leur testa qui les fait adhérer très étroitement les unes aux autres si l'on n'a pas pris la précaution de bien les séparer au moment du séchage.

Le hile est un caractère facilement observable sur les grosses graines comme le haricot, qui marque le point d'attache de la graine à l'intérieur du fruit porté par la plante mère. Tout près du hile se trouve un petit orifice, le micropyle, qui permettra à l'eau de pénétrer dans la graine au cours des premières étapes de la germination. Sur les petites graines, ces caractères ne sont observables qu'à l'aide d'une loupe.

L'embryon peut être considéré comme une plante miniature, avec une racine (la radicule), une tige (la plumule) et une ou deux feuilles (les cotylédons). L'hypocotyle correspond à la partie de l'axe de la plantule qui relie la plumule à la radicule ; chez beaucoup d'espèces, il s'allonge durant la germination jusqu'à faire émerger au-dessus du sol le sommet végétatif de la plumule (Figure 10). Pour faciliter son cheminement à travers le sol, l'hypocotyle forme une sorte de crosse jusqu'à ce qu'il soit exposé à la lumière ; la crosse se déplie alors et les cotylédons se déploient. Pour certaines espèces, les cotylédons sont attachés à la base de l'hypocotyle et restent dans le sol alors que pour d'autres ils s'élèvent avec la plumule et fournissent les premières surfaces aptes à la photosynthèse. Mais il ne s'agit pas là véritablement de feuilles, dont généralement elles se distinguent d'ailleurs nettement par la forme. Le nombre de cotylédons est la clé de base pour la classification des plantes à fleurs, les divisant en monocotylédones (un cotylédon) ou dicotylédones (deux). Cette classification reflète également de très nombreuses différences se rapportant à la germination des plantes et à leur architecture au stade adulte.

Les réserves de la graine se composent de protéines, de glucides et de lipides (graisses et/ou huiles) qui sont indispensables au développement de l'embryon et à la croissance de la jeune plantule. Ces réserves sont stockées soit dans les cotylédons soit dans un tissu externe à l'embryon : l'endosperme. La présence ou l'absence dans la graine de cet endosperme fournit une autre clé importante de la classification des plantes. En plus de cette source d'énergie très concentrée, la graine contient (en assez grandes quantités) des éléments minéraux, tels que du phosphore, du potassium, du magnésium et du calcium ainsi que des micronutriments tels que le fer, le manganèse et le zinc.

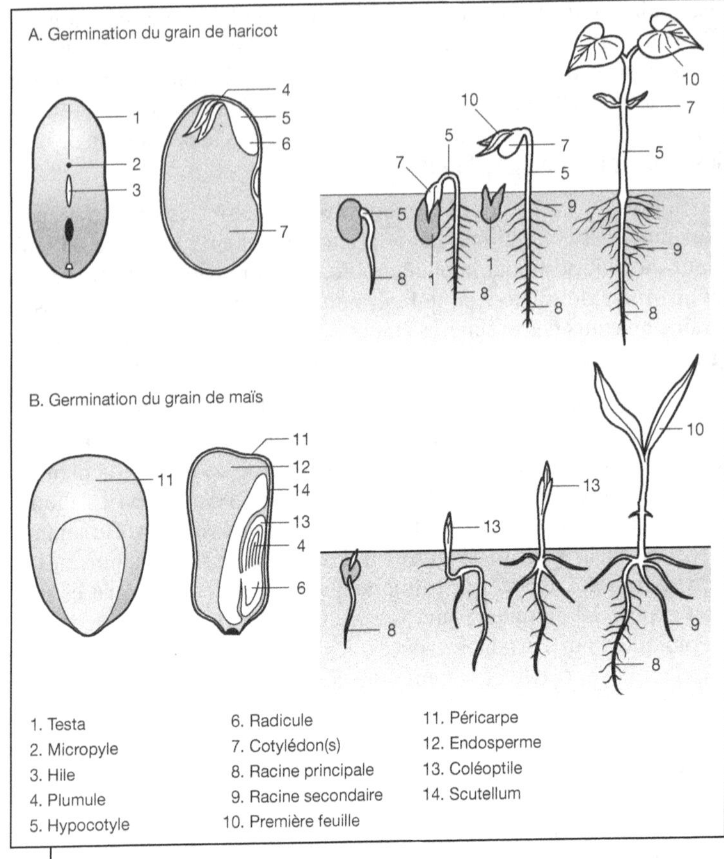

Figure 10. Structure et germination de la graine chez une dicotylédone (haricot) et une monocotylédone (maïs).
Le scutellum des céréales est considéré par les botanistes comme un cotylédon modifié, qui se nourrit des réserves stockées dans l'endosperme.

Le développement de la graine

Une fois décrite la structure de la graine, il est essentiel de bien comprendre comment elle se développe sur la plante mère, depuis la fécondation de la fleur jusqu'à sa maturité et sa récolte. Les aspects génétiques de ce phénomène liés au mode de diffusion du pollen, à sa germination et à la fécondation seront abordés en détail dans le chapitre 4.

Les parties femelles de la fleur sont constituées par l'ovaire qui contient un ou plusieurs ovules, une surface sensible destinée à recevoir le pollen (le stigma) et un style qui réunit le stigma à l'ovaire. Les dimensions et l'organisation de ces pièces sont extrêmement variables d'une espèce à l'autre mais leurs fonctions dans le processus de la reproduction sont strictement identiques. Les grains de pollen atterrissent à la surface du stigmate sur lequel, si les conditions sont réunies, ils germent en émettant un tube pollinique. Ce tube pénètre sous la surface du stigmate, va croître et progresser à l'intérieur du style jusqu'à atteindre l'ovaire où le noyau du grain de pollen va fusionner avec le noyau femelle dans le sac embryonnaire d'un ovule. Cette fertilisation, qui consiste en la fusion des deux noyaux haploïdes, aboutit à un « zygote » diploïde et ferme le cycle de la reproduction sexuée qui permet l'apparition de nouvelles combinaisons génétiques. La figure 11 représente la structure typique d'une fleur de plante dicotylédone et le cheminement du tube pollinique qui va permettre la fécondation.

Les légumes-fruits comme les gousses de pois ou de haricot ont généralement un petit nombre d'ovules alors que chez des espèces comme la tomate ou le melon l'ovaire contient un très grand nombre d'ovules,

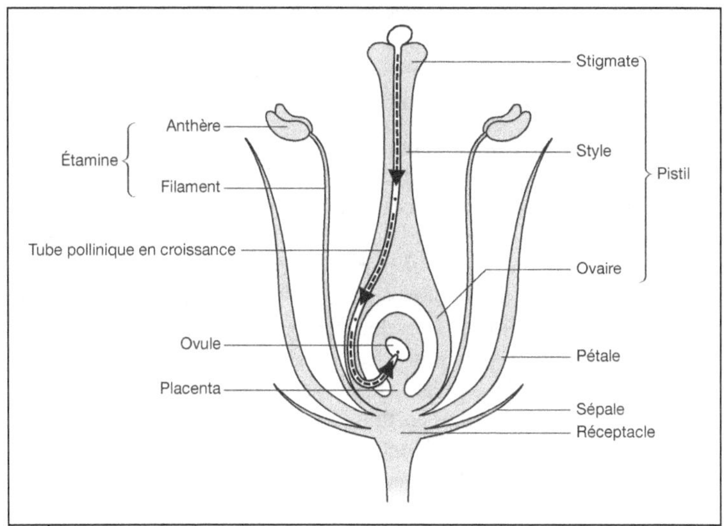

Figure 11. Structure type d'une fleur montrant la croissance du tube pollinique.

chacun d'entre eux étant fécondé individuellement par le noyau d'un grain de pollen arrivé sur la fleur. Ces différences dans l'organisation des fleurs et des fruits ont bien sûr des conséquences importantes sur les techniques de production des semences hybrides, qui nécessitent généralement une pollinisation parfaitement contrôlée. Les significations du terme fruit, dans le langage courant et au plan scientifique, ne doivent pas être confondues. Botaniquement, le fruit est la structure qui dérive de l'ovaire d'une fleur et qui contient une ou plusieurs graines, alors que ce mot désigne au quotidien un organe charnu. Comme cela a déjà été souligné, les graines de tournesol et de certaines céréales sont, botaniquement parlant, des fruits à graine unique, et ont de ce fait une plus grande proportion de balle au niveau du grain mature.

Après la fécondation, le zygote se développe par division cellulaire et se différencie progressivement pour former les différents éléments de l'embryon que sont la plumule, la radicule et le (ou les) cotylédon(s) (Figure 10). Chez certaines graines, cette évolution conduit à un tissu jouant le rôle d'organe de réserve, extérieur à l'embryon, l'endosperme. Les couches cellulaires extérieures de l'ovule (les téguments) forment la testa de la graine et les couches internes se développent pour former la paroi du fruit ou péricarpe. Celle-ci peut être fine et sèche comme dans le cas des gousses de légumineuses ou de crucifères à maturité, ou au contraire massive et charnue comme chez le melon ou la courge. Ces différences dans la structure des fruits à maturité ont bien sûr, là-aussi, des conséquences importantes sur la façon de prélever ou d'extraire les graines après la récolte.

Les conditions environnementales qui règnent durant la période de maturation des graines et des fruits et jusqu'à la récolte ont un impact direct sur la qualité des semences. C'est pourquoi les pratiques agronomiques appliquées aux cultures destinées à la production de semences, et cela jusqu'à la récolte, sont particulièrement importantes. La plupart des cultures alimentaires sont des plantes annuelles avec pour chaque saison de culture un cycle unique : croissance végétative, floraison, mise à graine puis mort de la plante. Avec pour conséquence, que durant les dernières phases de ce cycle, la plante a cessé de croître et redistribue les ressources accumulées vers les graines en formation, que ses feuilles les plus anciennes situées à la base meurent progressivement, et que ce sont les plus jeunes feuilles situées au sommet qui contribuent le plus au développement de la graine.

Une alimentation adaptée de la plante mère est donc, à l'évidence, nécessaire pour garantir un bon niveau de rendement en semences.

L'objectif des agronomes spécialisés en production de semences est donc d'obtenir une population de plantes vigoureuses et en bonne santé, ne subissant aucune carence dans leur alimentation hydrique et minérale, en veillant toutefois à éviter tout excès d'azote qui pourrait être cause de verse. Quand il s'agit d'une culture irriguée, l'apport d'eau en fin de croissance doit être réduit de façon à assurer une maturité de la récolte homogène.

L'eau dans la graine

À quelques exceptions près (mentionnées plus loin), le contenu en eau de la plupart des graines diminue au cours de leur maturation sur la plante mère, et le processus de dessèchement continue après la récolte. C'est une caractéristique essentielle qui permet à la graine de survivre à de longues périodes de stockage en conditions sèches. La graine acquiert sa maturité physiologique sur la plante mère quand elle atteint son poids sec maximum, après quoi sa teneur en eau ne cesse de diminuer : elle devient de plus en plus dure et résistante, et cela continue jusqu'à atteindre la maturité de récolte. L'étape finale de la maturation consiste essentiellement en une perte d'eau (dessiccation) qui s'accompagne d'un certain nombre de modifications biochimiques et d'une consolidation de la testa.

La teneur en eau d'une graine mature demeure variable car elle est toujours en équilibre dynamique avec l'hygrométrie du milieu environnant. Cela signifie que de l'eau peut rentrer ou sortir de la graine en fonction de l'humidité relative de l'air dans lequel elle baigne (comme le montre le tableau 1) et a d'importantes répercussions sur plusieurs points relatifs à la technologie des semences tels que leur séchage, leur stockage ainsi que le contrôle de leur qualité, qui seront abordés dans les chapitres suivants. Une petite partie de cette eau est très étroitement liée à certains composés chimiques qui assurent la structure de la graine et ne peut être éliminée par un séchage normal.

La teneur en eau effective d'une graine récoltée à maturité dépend donc de l'humidité relative de l'air ambiant mais aussi, dans une certaine mesure, des particularités de l'espèce à laquelle elle appartient. Si le niveau atteint n'est pas suffisant pour garantir un bon stockage, un séchage complémentaire doit être effectué le plus tôt possible après la récolte. Certaines graines, tout particulièrement celles ayant une forte teneur en huile, sont sujettes à une dégradation très rapide après la récolte si leur teneur en eau demeure trop élevée.

Tableau 1. Teneur en eau (%) à l'équilibre des graines pour différentes valeurs de l'humidité relative ambiante.

Espèces	Humidité relative de l'atmosphère (%)				
	15	30	45	60	75
Maïs	6,4	8,4	10,5	12,9	14,8
Riz	6,8	9,0	10,7	12,6	14,4
Sorgho	6,4	8,6	10,5	12,0	15,2
Arachide	2,6	4,2	5,6	7,2	9,8
Soja	4,3	6,5	7,4	9,3	13,1

La composition de la graine

La composition chimique de la graine est l'une des préoccupations essentielles lorsque le produit récolté est destiné à la consommation alimentaire ou à la transformation industrielle. Sa connaissance est également nécessaire pour bien comprendre le processus de germination et certains aspects de la conservation des grains. De plus, les objectifs de sélection pour certaines espèces portent justement sur l'amélioration de la composition chimique du produit récolté : par exemple, l'augmentation de la teneur en huile (cas du tournesol) ou l'amélioration de la valeur nutritionnelle, en particulier pour ce qui concerne les protéines du grain.

Les réserves, stockées dans les cotylédons ou l'endosperme, constituent l'essentiel de la graine et déterminent donc sa composition chimique. Les autres parties de l'embryon (radicule, hypocotyle et plumule) sont des structures relativement petites constituées par des amas cellulaires denses. La composition de ces réserves comprend une fraction protéique de base nécessaire à la croissance cellulaire et une quantité bien plus importante de glucides et/ou de lipides pour la croissance et la respiration. Les grosses graines de certaines grandes espèces vivrières mettent ainsi en réserve des quantités considérables de glucides (cas du maïs et du riz) ou de lipides (cas de l'arachide et du soja). Les graines des légumineuses ont une teneur en protéines bien plus élevée que celle des céréales, d'où leur importance alimentaire pour les consommateurs végétariens. Les proportions des principaux constituants chimiques des graines sont extrêmement variables d'une espèce à l'autre comme le montre le tableau 2.

Certains composés chimiques sont plus spécialement associés aux organes de réserve que sont les graines et les tubercules. L'amidon,

Tableau 2. Composition chimique des graines (en % du poids frais) de quelques espèces cultivées importantes.

Espèces	Protéines	Lipides	Glucides
Maïs	12	5	70
Riz	7	3	75
Sorgho	11	3	70
Blé	12	2	75
Arachide	30	48	14
Soja	40	17	30

Toutes les graines contiennent 1 à 2 % de cendres, correspondant aux composés minéraux. D'autres différences dans la composition des graines sont dues à la part prise par la testa ou la balle, ainsi qu'à la teneur en eau qui est très variable selon les espèces.

un glucide complexe qui constitue la principale source d'énergie pour les humains, en est le plus remarquable. De même, les graines contiennent toute une gamme de protéines et de lipides de stockage qui vont être à la source des acides aminés et des acides gras nécessaires à la croissance de la jeune plantule. Les graines de certaines espèces ou familles d'espèces contiennent des composés chimiques remarquables et importants tels que des arômes ou des colorants utilisés dans notre alimentation. Chez d'autres, au contraire, il s'agit de composés qui peuvent être toxiques : beaucoup de graines de légumineuses contiennent des facteurs antinutritionnels qui restreignent leur utilisation tant pour l'alimentation humaine que pour l'alimentation animale et nécessitent un traitement préalable pour les rendre consommables.

La composition chimique de la testa (et du péricarpe s'il est présent) n'est pas une préoccupation essentielle pour les spécialistes des semences. Cependant, on peut remarquer que la couleur de la testa varie avec l'évolution de la maturation physiologique de la graine, allant généralement du clair vers une teinte plus sombre, ce qui constitue souvent un indicateur pratique au champ pour décider de la récolte. Ces changements de couleur sont dus à la formation de certains composés chimiques dans la testa durant les derniers stades de l'évolution des graines. Chez certaines espèces cette testa devient à maturité une enveloppe protectrice extrêmement résistante.

La germination

Une fois atteint un degré de siccité convenable, la plupart des graines sont capables de rester viables sur de très longues périodes, une propriété qui correspond à leur fonction biologique fondamentale qui est d'assurer la survie de l'espèce. À moins qu'elle n'exige certaines conditions ou exigences spécifiques, une graine germera dès qu'elle rencontrera une humidité et une température environnantes suffisantes pour activer les réactions métaboliques correspondantes. La température minimale nécessaire à la germination varie d'une espèce à l'autre, mais en général pour les céréales, le processus est extrêmement lent en dessous de 10 °C et atteint un pic d'activité optimale aux alentours de 20 à 30 °C. Les conditions nécessaires à une germination optimale ont été très étudiées pour chaque culture et sont très bien documentées aux fins de l'analyse et du contrôle de la qualité des semences (Chapitre 6).

Quelle que soit la température ambiante, les graines sont normalement capables d'absorber de l'eau : c'est l'imbibition. Il s'agit d'un phénomène physique, mais qui ne conduit pas nécessairement à la germination. L'eau peut pénétrer dans la graine au travers du micropyle et de la zone entourant le hile. À mesure que la graine grossit du fait de l'augmentation de volume de l'embryon, la testa se ramollit et finit par se rompre, permettant ainsi à l'ensemble des tissus de la graine d'absorber directement de l'eau. En fait, le rôle de la testa serait de limiter l'absorption de l'eau durant les premiers stades de l'imbibition pour empêcher des dommages cellulaires dus à une pénétration trop rapide de l'eau dans les tissus de la graine.

Durant la germination, des successions contrôlées de changements biochimiques et physiologiques se déroulent, libérant des matières nutritives prélevées dans les réserves et les conduisant vers l'embryon. Suivent ensuite l'élongation cellulaire de la radicule et de la plumule, combinées à une multiplication cellulaire très active au niveau de leur sommet végétatif faisant que toutes ces structures se libèrent de la testa. L'émergence de la radicule hors de la testa est considérée comme le critère essentiel permettant d'évaluer une germination. Les enzymes activées dès les premiers stades de la germination ont pour rôle de contrôler tous les processus biochimiques associés à la mobilisation des réserves. Ces enzymes convertissent les matériaux des réserves en composés plus simples (sucres, acides aminés et acides gras) qui peuvent migrer rapidement et alimentent les nouvelles synthèses qui se réalisent dans les tissus en développement de la jeune plantule. Dans les conditions au champ, toutes ces transformations physiologiques peuvent être considérées comme allant de soi; cependant, ces dernières années il y a eu un développement considérable des techniques de pré-conditionnement physiologique des semences, comme par exemple des pré-imbibitions ou des pré-germinations qui exploitent les connaissances acquises dans ce domaine très pointu de la physiologie des semences et permettent de maîtriser très précisément la germination dans des conditions contrôlées.

En plus des transferts des éléments nécessaires à la croissance, le développement harmonieux de la plantule implique un contrôle et une régulation internes. La réponse au géotropisme en fournit un exemple évident, qui fait que lorsqu'elles sortent de la testa, la radicule croît vers le bas et la plumule vers le haut. Et cette régulation se maintient tout au long du développement des systèmes racinaire et aérien. Ainsi, la plumule en crosse que forme l'hypocotyle, caractéristique des jeunes plantules, se déploie dès qu'elle émerge du sol et est exposée à la lumière. Une autre réponse déclenchée par la lumière, est l'acquisition à la fin de ce développement de la capacité photosynthétique. À partir de ce moment, les tissus de la plantule se colorent rapidement en vert dès qu'ils atteignent la surface et la photosynthèse commence ; l'allongement rapide de l'hypocotyle s'arrête au même moment, et toute la partie aérienne de la plantule se stabilise. Ces phénomènes sont facilement observables sur des plantules élevées en complète obscurité puis exposées à la lumière. Au sein de la jeune plantule ces réactions sont régulées par des systèmes de contrôle génétiques et hormonaux complexes ; on peut les considérer, en quelque sorte, comme le « logiciel », intégré à la graine, qui assure son développement harmonieux. Les détails de ce logiciel sont des caractéristiques dépendant essentiellement de l'espèce ou de la variété, mais ils peuvent aussi être influencés, dans une certaine mesure, par les conditions environnementales rencontrées par la graine durant les derniers stades de sa maturation précédant la récolte.

Le terme germination peut recouvrir plusieurs significations : classiquement, au sens agricole, il désigne la levée des graines ou semences au champ. Cependant, il peut aussi correspondre à un stade ou un processus précis. Il peut alors s'agir, selon les contextes :
- de l'imbibition, c'est-à-dire l'absorption passive de l'eau par la graine ;
- de la germination, correspondant à l'augmentation de volume de l'embryon et l'apparition de la radicule hors de la testa ;
- de la croissance et du développement de la jeune plantule après l'émergence de la radicule hors de la testa ;
- l'établissement de la plantule, c'est-à-dire l'acquisition de son autonomie vis-à-vis des réserves de la graine et de sa capacité à puiser ses besoins dans son environnement.

La dormance

Même si l'humidité et la température sont adéquates, il arrive que certaines graines ne germent pas : elles peuvent rester inactives dans l'attente que certaines conditions supplémentaires soient satisfaites ou que des contraintes soient levées. Il s'agit du phénomène de dormance. C'est une caractéristique importante existant chez beaucoup d'espèces sauvages qui permet à leurs graines de s'adapter à leur environnement et de ne germer qu'au moment du cycle climatique annuel le plus favorable. Un exemple bien connu chez les espèces tempérées est la nécessaire exposition de leurs graines à des températures basses qui fait qu'elles ne germeront qu'à la fin de l'hiver. Chez d'autres espèces, une dormance s'installe au moment de la maturité, qui va décroître progressivement, de telle sorte que la graine ne pourra germer qu'au bout de quelques semaines ou quelques mois, échappant ainsi, comme dans le cas précédent, à des conditions de germination défavorables. Les graines qui se développent dans des fruits charnus, comme par exemple la tomate, sont généralement dormantes tant qu'elles n'ont pas atteint un degré de siccité suffisant : cela les garantit contre une germination prématurée à l'intérieur du fruit en décomposition.

Les espèces sauvages ont mis au point toute une gamme de besoins, parfois complexes, liés à la dormance, pour aider à leur survie, manifestant ainsi très souvent une adaptation très étroite avec leur environnement. Cependant, le processus de domestication a au contraire sélectionné pour des germinations et des levées rapides, nettement mieux adaptées aux pratiques agricoles. Aussi, la plupart des espèces cultivées pour leurs grains ne présentent qu'une faible, voire aucune dormance, et peuvent ainsi être sujettes, en conditions humides, à des germinations avant la récolte[10]. Lors du contrôle de la qualité des semences au laboratoire, il faut bien sûr tenir compte de cette dormance et divers traitements peuvent être appliqués pour lever cette difficulté. C'est ainsi que les protocoles standard pour le contrôle des semences prévoient les besoins propres à certaines espèces comme par exemple des périodes d'éclairement, ou au contraire d'obscurité, pendant la germination.

Comme cela a déjà été dit, certaines graines sont protégées par une testa très épaisse, pouvant entraîner une dormance mécanique due à l'obstacle physique que représente la testa pour l'absorption de l'eau

---

[10] Par exemple, la germination sur pied des céréales certaines années (NdT).

ou l'augmentation de volume de l'embryon. C'est ce phénomène qui semble responsable chez beaucoup de légumineuses d'une germination lente et capricieuse. En particulier chez certaines espèces de légumineuses fourragères, on pratique une scarification mécanique de la testa pour accélérer et homogénéiser la levée.

Stockage et longévité des semences

L'aptitude des graines à survivre à des périodes de sécheresse est fondamentale, tant pour le rôle qu'elles jouent dans les écosystèmes naturels que pour leur stockage entre deux saisons de culture. Cependant cette longévité n'est pas une garantie absolue ; elle dépend des conditions dans lesquelles les graines sont récoltées et entreposées. Les graines de certaines espèces ont une durée de vie naturellement assez longue alors que d'autres voient leur qualité se dégrader rapidement, et cela quelles que soient les conditions de stockage. Bien sûr, les graines qui ont germé après une très longue période de stockage, comme celles des musées ou d'autres conservatoires, suscitent un grand intérêt, mais malheureusement, on n'a jamais retrouvé des graines capables de germer dans les tombes égyptiennes ! Cependant, pour répondre aux besoins concrets de l'agriculture, la durée potentielle de stockage d'un lot de semences est infiniment plus importante que la longévité d'une graine en particulier et repose sur le comportement global de l'ensemble des graines composant le lot. L'évolution d'un lot de semences peut être établie en analysant à intervalles réguliers des échantillons prélevés dans ce lot, sur l'ensemble de la période allant de la récolte jusqu'au constat de l'absence totale de germination.

Dans les conditions normales d'entreposage, l'analyse régulière révèle une dégradation de la qualité évoluant selon une courbe type, avec au départ une lente diminution de la faculté germinative, suivie par une période de détérioration rapide, puis à nouveau une phase de diminution lente jusqu'à la mort de la totalité des graines. Cette évolution peut être également représentée par la courbe du taux de mortalité des semences au cours du temps : il s'agit d'une distribution approximativement normale (courbe de Gauss) dont le sommet correspond à la vitesse de dégradation maximale des semences (voir ces deux courbes de la Figure 12). Ces évolutions ont d'importantes conséquences pratiques pour le stockage : elles montrent que lorsque la faculté germinative d'un lot de semences commence à se dégrader, le processus ne fait alors que s'accélérer conduisant rapidement à un taux de semences viables très faible, rendant le lot inutilisable pour un semis. Il faut donc retenir que le processus de dégradation n'est pas linéaire et que la baisse de la faculté germinative s'accélère au cours du temps.

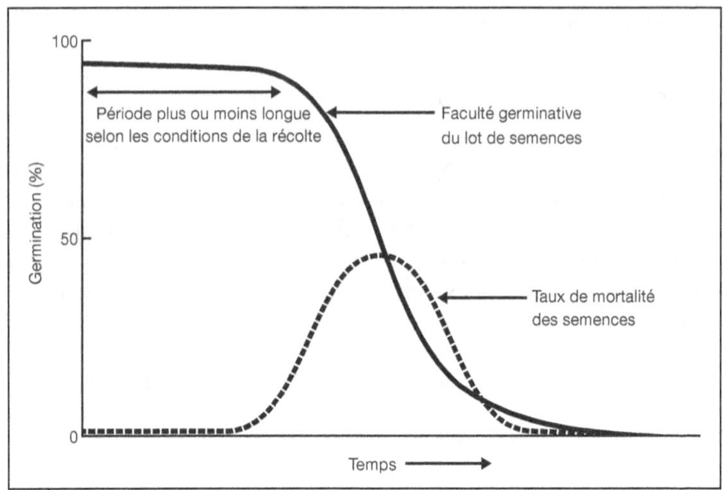

Figure 12. Évolution de la dégradation et du taux de mortalité des semences dans le temps.

Viabilité et dégradation des semences

Les agronomes ont besoin de connaître la durée maximale pendant laquelle un lot de semences peut être stocké sans perdre ses aptitudes à une bonne levée au champ; en d'autres termes, quel est son délai de survie. Cette préoccupation a suscité de très nombreux travaux de recherche sur les conditions de stockage qui, au final, ont conduit à une assez bonne maîtrise du sujet au plan théorique, concrétisée par les «courbes de survie» mises au point par Ellis et Roberts (1980) de l'Université de Reading au Royaume-Uni. Ces courbes peuvent prédire la durée de vie d'un lot de semences stocké sur la base de quatre principaux facteurs :

– a - la faculté germinative initiale, mesurée à la maturité ou à la récolte ;
– b - la température durant le stockage ;
– c - l'humidité relative durant le stockage ;
– d - l'espèce.

Le premier facteur (la faculté germinative initiale) dépend des conditions environnementales ainsi que de la gestion de la culture porte-graine au champ, y compris les opérations de récolte. Les conditions de l'immédiat après-récolte (avant l'entreposage), sont également à prendre en compte ici étant donné qu'il s'agit d'une période très critique pour les semences, tout particulièrement si leur teneur en eau est encore élevée.

D'une manière générale, tout accroissement de température ou d'humidité relative entraîne très directement une diminution de la durée de vie du lot de semences stocké. Cependant, si le niveau de l'humidité relative est extrêmement bas, et qu'en conséquence la teneur en eau des graines est faible, l'incidence de températures élevées sera moins dommageable et les semences peuvent très bien résister, comme c'est le cas sous les climats chauds et secs. Inversement, si l'ambiance de conservation est nettement humide, la qualité des semences se détériorera rapidement, même avec des températures modérées, avec en plus un risque très élevé de développement d'agents pathogènes. Pour résumer, les ambiances très humides, qui entraînent des teneurs en eau élevées des grains, affectent beaucoup plus la durée de vie des semences que les températures élevées. Ce constat a des conséquences pratiques sur la gestion des conditions d'entreposage et d'emballage des semences. Il signifie aussi qu'investir dans un séchage initial et un stockage étanche est préférable à la réfrigération, particulièrement dans les régions tropicales où cette réfrigération est toujours coûteuse.

Heureusement, les semences de la plupart des espèces cultivées ont des aptitudes au stockage relativement bonnes, ce qui est en particulier le cas des céréales dont les grains contiennent principalement de l'amidon. Toutefois, les graines riches en huile sont plus sensibles à la dégradation, en particulier le soja et l'arachide. Parmi les espèces potagères, l'oignon et la laitue ont des aptitudes au stockage relativement faibles.

Les bases physiologiques et biochimiques de la dégradation de la qualité des semences sont complexes. En général, cette dégradation est principalement attribuée à une détérioration des membranes cellulaires au sein de la graine, due en particulier aux processus d'oxydation. Cela est cohérent avec le fait que le vieillissement est associé à des réactions d'oxydation et que des antioxydants peuvent ralentir le processus de vieillissement cellulaire. Si ce constat est d'un grand intérêt en biologie humaine, les gestionnaires de lots de semences n'ont guère l'opportunité d'intervenir directement sur la biochimie des

graines pour ralentir leur vieillissement et ne peuvent agir que sur les conditions de stockage. Deux principes directeurs doivent être gardés à l'esprit en matière de production et de conservation des semences :
– la qualité initiale d'un lot de semences s'acquiert au champ et cela jusqu'à la récolte ; une graine atteint sa qualité optimale quand elle a atteint sa maturité sur la plante mère, ce qui fait que toutes les interventions faites à ce stade doivent tendre à l'amélioration de cette qualité ;
– il n'est pas possible, une fois sa maturité acquise, d'augmenter la qualité d'une semence ; celle-ci ne peut ensuite que se détériorer. On peut ralentir le processus de dégradation en veillant à de bonnes conditions de stockage mais les dégâts déjà subits ne peuvent être corrigés.

Les graines récalcitrantes ou non orthodoxes

La majorité des graines, et en tout cas toutes les semences des espèces cultivées évoquées dans le présent ouvrage, peuvent, à l'état sec, survivre pendant très longtemps, mais il y a des exceptions. Celles-ci concernent principalement les graines d'espèces tropicales originaires d'environnements qui n'ont pas de saison sèche marquée. On qualifie ces graines de « non orthodoxes » ou encore de « récalcitrantes ». Ces graines ont normalement une durée de vie très faible, et dans les conditions naturelles, la germination intervient au plus tard dans les quelques semaines qui suivent leur maturité. Si un dessèchement survient durant cette période, généralement la graine meurt, souvent en quelques jours. Beaucoup d'arbres fruitiers tropicaux présentent ce comportement et leurs graines doivent être prises en charge de manière adéquate sitôt après la récolte si on les destine à la pépinière.

La pathologie des semences

Bien que la conservation des semences et leur dégradation soient le plus souvent abordées sous l'angle de la physiologie, d'autres menaces existent sous la forme de champignons et autres agents pathogènes. Les graines peuvent être infectées par ces organismes à n'importe quel stade de leur développement, et cela jusqu'à la récolte. Dans ses détails, le mécanisme du mode d'infection et d'installation dans la graine est propre à chaque pathogène et détermine les méthodes de lutte utilisables, tant au niveau des plantes mères dans le champ de production que sur les lots de semences après récolte.

L'enjeu majeur pour toutes les questions relatives à l'état sanitaire et à la protection des cultures est de bien comprendre le processus d'infection et le fonctionnement des relations hôte-pathogène. Certaines maladies, tout particulièrement les rouilles et les mildious, se propagent grâce à des spores produites en quantités énormes et dispersées par le vent. Ces pathogènes sont des parasites obligatoires, qui ne peuvent se développer que sur des hôtes spécifiques. Ainsi, les spores accidentellement transportées par les semences sont négligeables en comparaison de la pression parasitaire qui s'exerce au champ et n'ont vraiment que très peu de chance d'infecter une plante adulte. À l'opposé, certaines espèces de parasites se transmettent exclusivement grâce aux graines dans lesquelles elles pénètrent à un stade précoce, dès la formation des ovules. Les champignons responsables des caries ou des charbons des céréales sont de bons exemples de ce type de transmission. Ils ont évolué étroitement avec leurs espèces hôtes et leur survie d'une saison de culture à la suivante est principalement assurée par les graines.

Entre ces deux extrêmes, il existe de très nombreux champignons saprophytes qui peuvent être véhiculés à la surface ou à l'intérieur des graines, mais qui peuvent aussi survivre sur des débris végétaux dans les champs et y produire des spores capables d'infecter la culture suivante. Dans ce cas, l'enjeu est de bien apprécier les risques d'infection dus aux semences et ceux dus au champ. Des champignons saprophytes extrêmement répandus, comme le *Botrytis cinerea* (responsable de la pourriture grise), sont capables de contaminer les graines en cas de récolte par temps humide. Les spores se déposent sur les grains, se dispersent durant les opérations de nettoyage et peuvent alors compromettre la germination de l'ensemble du lot au semis. Cependant, ces contaminations sont superficielles, et si elles sont décelées à temps par une analyse au laboratoire, elles peuvent être assez facilement contrôlées par un traitement fongicide simple. Une bonne connaissance des mécanismes de transmission des pathogènes permet donc de choisir les stratégies les plus efficaces pour maîtriser la qualité sanitaire des futures semences dans le champ de production et après la récolte.

Certaines espèces saprophytes, en particulier du genre *Aspergillus* ou *Penicillium*, posent un problème encore plus sérieux pour la conservation des grains et des semences si leur teneur en eau dépasse environ 13 %. Dans le langage courant on parle de moisissures ou de champignons liés au stockage parce qu'ils sont particulièrement bien adaptés à cet environnement. Les spores commencent à se développer sur les grains puis dans les espaces intergranulaires, en générant par là même une augmentation de l'humidité ambiante du fait de leur respiration. Ce développement des moisissures peut créer des foyers qui peuvent s'étendre rapidement à l'ensemble de la masse des grains si celle-ci n'est pas suffisamment ventilée, provoquant sa rapide détérioration.

De fait, une bonne gestion des grains stockés et la préservation de la qualité des semences sont des préoccupations fondamentales qui s'imposent à de nombreux professionnels et dans des contextes très variés : depuis le stockage individuel à la ferme, où le grain n'est conservé que d'une saison de culture à la suivante, jusqu'à la conservation à long terme des ressources génétiques dans les banques de gènes. Ainsi, chaque situation constitue un cas particulier, dans lequel interviennent des réactions dynamiques entre les caractéristiques propres à la graine, la température et l'humidité des conditions de stockage, qui rendent ou non possible le développement des parasites et autres organismes pathogènes. Tout cela est représenté schématiquement à la figure 13, certains aspects pratiques de la gestion des stocks de grains étant évoqués au chapitre 5.

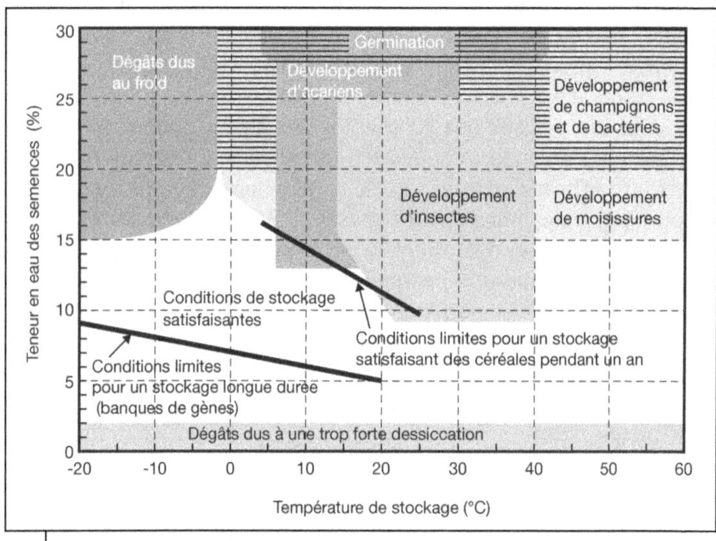

Figure 13. Schéma d'ensemble montrant l'incidence des conditions environnementales sur le stockage des semences ainsi que leurs effets directs sur la viabilité des graines et leurs effets indirects sur le développement des parasites et autres organismes pathogènes. (Source : ISTA - *Handbook on Seed Sampling* - www.seedtest.org)

4. Production des semences

Ce chapitre présente les principes et les méthodes de la multiplication des semences au champ pour parvenir à un accroissement quantitatif rapide avec une perte qualitative minimale (Figure 1 au Chapitre 1). Chaque cycle de multiplication implique un semis, un suivi de la culture, une récolte et un triage-conditionnement des grains récoltés, conduisant à un nouveau lot de semences mis en stockage. Cette succession des opérations constitue la base du processus de production des semences. À chaque cycle de multiplication, il y a des risques de contaminations pouvant entraîner une baisse de la qualité et aucune semence ne peut être multipliée en faisant abstraction de ces risques. Les principes et les méthodes appliqués à la production des semences visent donc à minimiser ces risques.

Le fait que la multiplication des semences met en jeu des générations successives est crucial pour le maintien de la qualité car toute intervention effectuée (ou non effectuée) au cours d'un cycle de multiplication peut avoir d'importantes répercussions sur le cycle suivant. Certains problèmes peuvent être identifiés et résolus au cours d'une même génération mais beaucoup d'autres demeurent latents et n'apparaissent qu'aux générations suivantes. Au-delà de ces aspects techniques, la production des semences implique tout un ensemble de dispositions importantes telles que de décider où seront implantées et à qui seront confiées les productions afin d'atteindre le plus efficacement possible les objectifs de multiplication que l'on s'est fixés.

Pour les céréales, les oléagineux et les légumineuses à graines, les conduites de culture pour la production des semences sont très similaires à celles d'une production de grains destinés à la consommation, avec cependant quelques précautions supplémentaires afin d'assurer leur qualité. Ce chapitre présente ces dispositions pratiques courantes. Mais pour d'autres espèces, telles que les plantes potagères ou les fourragères, la production des semences est une activité complètement à part, qui exige des conduites qui n'ont rien à voir avec celles d'une culture destinée à la consommation. Quelques exemples relevant de cette catégorie seront détaillés au chapitre 8.

Le facteur de multiplication

Une filière semences peut démarrer avec une toute petite quantité de semences de souche ou semences fondatrices produites par le sélectionneur ou le mainteneur de la variété, qui doit être multipliée jusqu'à atteindre les centaines, voire les milliers de tonnes dont ont besoin les agriculteurs. Le nombre de cycles de multiplication nécessaires dépend de l'accroissement quantitatif que permet chaque génération : c'est le taux de multiplication ou TM. Ce rapport est extrêmement variable d'une espèce à l'autre et peut être établi en faisant référence à différents critères. Mais le plus utile pour planifier une production de semences est donné par :

$$TM = \frac{\text{Poids du lot de semences récoltées après triage-conditionnement}}{\text{Poids des semences semées dans le champ de production}}$$

Ce rapport a l'avantage de prendre en compte toutes les pertes intervenant au champ du semis à la récolte, celles dues aux opérations de triage-conditionnement jusqu'à la mise en sac de la nouvelle génération de semences. C'est-à-dire à dire les graines semées mais qui n'ont pas germé, les plantes qui se sont développées au champ mais sans parvenir à maturité, les pertes durant les opérations de récolte, les écarts de triage (en particulier l'élimination des graines trop petites), etc. C'est donc une valeur de « sac à sac » qui prend en compte l'ensemble du cycle de multiplication. Ainsi, pour un hectare de riz semé avec 150 kg de semences de base à partir duquel on a obtenu après triage-conditionnement 4 à 5 tonnes de semences certifiées, le TM est égal à 30.

Il existe bien sûr une relation étroite entre taille des grains et taux de multiplication. Les espèces à petites graines, comme par exemple beaucoup d'espèces potagères ont un TM élevé ; à l'opposé, les espèces à grosses graines comme le haricot ou le pois ont des TM faibles. Un fort taux de multiplication permet de réduire le nombre des cycles de multiplication nécessaires pour produire la quantité de semences certifiées désirée et réduit de ce fait globalement les aléas de la production des semences.

Tout en étant une valeur intrinsèque propre à chaque espèce, dépendante de l'architecture de la plante, le TM peut être fortement influencé par les pratiques culturales mises en œuvre. Par exemple, pour les céréales qui tallent facilement, une faible densité de semis conduira à un TM plus élevé et sera donc plus efficace. C'est ce qui est souvent pratiqué avec les nouvelles variétés pour lesquelles un accroissement

rapide de la disponibilité en semences est une priorité. De même, dans le cas du riz, la pratique du repiquage permet d'atteindre un TM de l'ordre de 100 grâce à une meilleure utilisation et un espacement plus régulier des jeunes plants. Ainsi, on voit que la valeur réelle du TM est très variable pour une même espèce ; il est donc important de pouvoir déterminer sa valeur correcte pour chaque système de culture et environnement considérés. Cette information est absolument indispensable à l'élaboration d'un programme de production de semences. Bien sûr, on appliquera aux productions de semences les techniques culturales les plus performantes pour obtenir un TM élevé puisque, par définition, il s'agit de cultures à forte valeur ajoutée.

Le taux de multiplication a, d'évidence, d'importantes répercussions sur les aspects économiques et la distribution des semences. Les espèces à faible TM sont généralement peu rémunératrices en raison des volumes très importants de grains qui doivent être manipulés. Les coûts de transport absorbent très rapidement la marge bénéficiaire. L'arachide constitue un bon exemple : elle a un faible TM (de l'ordre de 10) et implique des volumes considérables quand elle est transportée en coques. Inversement, les espèces à petites graines, comme le mil chez les céréales ou les brassica chez les plantes potagères, peuvent faire l'objet de transports rentables sur de grandes distances étant donné que la dose de semis à l'hectare est faible et que les agriculteurs n'ont besoin que de petites quantités. Cette simple considération pèse fortement sur la localisation des productions de semences en fonction de leur marché et constitue un élément déterminant du commerce international des semences.

Assurer la qualité des semences

Chaque cycle de multiplication des semences comporte des risques de contaminations qui peuvent affecter leur qualité. On peut les classer en trois grandes catégories : les pollutions génétiques, les impuretés d'origine mécanique et les contaminations par des pathogènes, chaque catégorie nécessitant des mesures spécifiques pour les maîtriser.

Les pollutions génétiques

La cause la plus courante est le croisement accidentel dû au pollen d'autres variétés cultivées dans l'environnement proche. Ce risque est particulièrement important pour les espèces allogames comme le maïs, mais beaucoup d'espèces autogames peuvent aussi présenter des taux faibles de croisements non-désirés, qui peuvent d'ailleurs varier selon les variétés et les environnements. La technique classique permettant de réduire le risque de pollinisation extérieure consiste à isoler la culture porte-graine par rapport aux sources potentielles de contamination. Outre les variétés de la même espèce, toute plante de la même espèce peut être également une source de pollution. Cela comprend les plantes sauvages ou apparentées proches, qui constituent un risque génétique d'autant plus sérieux que les caractéristiques portées par leur pollen sont généralement moins performantes que celles des variétés cultivées. C'est le cas par exemple, dans certaines parties de l'Afrique, des sorghos sauvages et semi-sauvages adventices (Figure 14) qui peuvent se croiser librement avec les sorghos cultivés. De même, les betteraves annuelles sauvages que l'on trouve dans le Sud de l'Europe peuvent se croiser avec les productions de semences de variétés de betterave sucrière à haute teneur en sucre.

Une autre forme de contamination relève de l'instabilité génétique intrinsèque aux variétés elles-mêmes. Par exemple, certaines variétés de blé sont sujettes à l'aneuploïdie (perte d'un chromosome) qui peut donner naissance à l'apparition récurrente de hors-types, sans que cela puisse être attribué à une défaillance dans la sélection de la variété. Ces variations sont généralement très visibles et peuvent être facilement éliminées lors des visites de contrôle en végétation. La modification aléatoire d'un caractère du fait d'une mutation génétique constitue également un risque mais normalement ce taux de mutation est extrêmement faible.

Les impuretés d'origine mécanique

Il s'agit en général de contaminations par une autre variété de la même espèce ou par une espèce proche-parente dont les graines sont très similaires. Les origines les plus fréquentes sont :
– les repousses d'autres variétés qui ont été cultivées dans le même champ ;
– un mélange mécanique de graines lors des opérations de triage-conditionnement après la récolte.

Étant donné qu'il est rarement possible d'identifier et de séparer les semences de deux variétés distinctes dans un lot de semences, il est impératif de prendre toutes les mesures nécessaires pour éviter les

Figure 14. Les sorghos sauvages, communs dans certaines régions d'Afrique, émettent du pollen transporté par le vent et sont à l'origine de fécondations indésirables. Ces adventices doivent être systématiquement éliminées de l'environnement des champs de production de semences.

contaminations mécaniques. Ce but est atteint par le choix de champs de production parfaitement propres, par des opérations d'épuration en cours de culture et par un suivi très attentif des lots tout au long des opérations de post-récolte. Les règles et procédures à appliquer pour éviter tout mélange pendant et après la récolte sont exposées au chapitre 5.

Les adventices qui sont proche-apparentées de la culture ou dont les graines sont difficiles à éliminer par triage peuvent aussi être considérées comme des impuretés physiques. C'est le cas très commun des folles avoines dans les champs de blé ou d'orge. Certaines mauvaises herbes se sont parfaitement adaptées aux espèces qu'elles contaminent grâce à la similitude de la taille et de la forme de leurs graines. D'autres, telles que les orobanches, ont des graines de toute petite taille qu'il est très difficile d'éliminer au triage.

Les contaminations par des pathogènes

Elles sont dues à des organismes transportés soit à la surface soit à l'intérieur même de la graine. Les maladies transmises par les semences, au sens strict, posent les problèmes les plus sérieux étant donné qu'elles sont présentes à l'intérieur de la graine elle-même et donc difficiles à éradiquer. De plus, la graine constitue pour ces organismes pathogènes le principal, voire le seul, moyen de transmission de l'infection d'une saison à l'autre. Ces graines, susceptibles de transmettre le pathogène à la génération suivante offrent cependant la possibilité d'un contrôle chimique efficace étant donné que l'organisme pathogène est retenu captif à l'intérieur. Diverses associations de produits destinés au traitement des semences sont disponibles et permettent d'éradiquer ces maladies transmises par les graines. Des traitements fongicides en végétation et l'élimination des plantes malades à l'occasion des opérations d'épuration au champ complètent les moyens de lutte.

Ces trois principaux types de contamination peuvent tous affecter un lot de semences avec leurs conséquences sur les générations suivantes, créant ainsi un risque systémique de perte de qualité. De plus, l'ampleur du problème ne peut que s'accroître d'une génération à la suivante ainsi que les coûts nécessaires pour y remédier. Aussi, le principe de base est que toute contamination doit être éradiquée le plus en amont possible du programme de multiplication. Une gestion extrêmement minutieuse des petites quantités de semences constituant les toutes premières générations de multiplication est donc indispensable pour ne pas être confronté, au niveau des générations suivantes, à d'énormes charges de travail du fait de leurs volumes beaucoup plus importants.

D'autres caractéristiques qualitatives des semences, et en particulier la faculté germinative, sont d'une façon générale également influencées par les conditions environnementales du champ de production mais ne constituent pas, en elles-mêmes, un risque quant à la pureté génétique de la variété. On les considérera donc à part. De même, une contamination par des matériaux inertes diminue la pureté du lot de semences mais peut être éliminée ultérieurement par triage et ne menace pas sur le long terme la qualité des semences, mis à part que la présence de graines endommagées peut faciliter le développement ultérieur de pathogènes.

Agronomie des productions de semences

Tout un ensemble de pratiques classiques permettent de minimiser la contamination des cultures porte-graines. Elles portent sur le choix des champs pour effectuer la production et sur les techniques à appliquer tout au long de la saison de culture.

◗ Rotation des cultures et précédents culturaux

Une bonne gestion de chaque parcelle est nécessaire pour réussir une culture, quelle que soit l'espèce, et tout particulièrement quand il s'agit de productions de semences, afin d'éviter les repousses d'autres variétés. Les graines peuvent demeurer dormantes dans les sols pendant plusieurs années et un intervalle de temps minimum doit être respecté entre une culture de grains destinés à la consommation et une production de semences de la même espèce. Ce délai doit être au moins de deux saisons de culture (donc le plus souvent deux ans minimum) mais selon les espèces et l'expérience locale il peut être nécessaire de l'allonger encore. Les rotations basées sur des cultures exigeant des reprises du sol systématiques sont particulièrement indiquées car elles minimisent le stock de semences contenu dans le sol.

Dans certains cas, le riz par exemple, les rotations ne sont guère possibles du fait que les rizières sont, par définition, dévolues à cette culture. Des techniques peuvent alors être adaptées telles que des successions de « faux-semis » consistant en un travail du sol suivi d'une mise en eau qui favorise la germination des graines dormantes avant la mise en place de la culture. Les repousses posent surtout problème pour les cultures semées à faible écartement (comme le riz ou le blé) où il est plus difficile de les repérer. Au contraire, pour les cultures à rangs larges (comme le maïs ou le sorgho) les repousses sont facilement repérables et peuvent être éliminées par un binage de l'inter-rang ou à l'occasion des visites d'épuration. Et dans les cultures repiquées, le repérage et la destruction des repousses est encore plus aisé.

En plus de l'exigence d'une rotation des cultures, il est important de choisir une parcelle à la fois homogène et présentant un bon niveau de fertilité, car ces caractéristiques facilitent la gestion de la culture et sont favorables à un bon rendement. Cependant, une disponibilité trop élevée en azote doit être évitée car elle peut être à l'origine d'un développement végétatif trop important, et favoriser la verse. Ce qui est un véritable désastre en production de semences car la verse rend impossible tout contrôle et épuration en végétation et entraîne, *de facto*, le déclassement de l'ensemble de la récolte en produit de consommation. Il est également essentiel que les conditions de maturation de la culture soient aussi homogènes que possible de façon à ce que toutes les graines aient atteint le même stade de développement au moment de la récolte ; ce point est particulièrement délicat en culture irriguée où de très faibles variations dans le nivellement ou le drainage du sol peuvent entraîner de fortes variations de maturité.

▌ L'épuration

Cette opération au champ, qui consiste à éliminer de la culture toutes les plantes indésirables (autres variétés, hors-types évidents, adventices, plantes malades) est absolument essentielle en production de semences. Pour être efficace, l'épuration doit être pratiquée de façon systématique en parcourant à pied l'ensemble de la culture de manière à pouvoir observer soigneusement à chaque passage des bandes d'environ 2 à 3 mètres de large. Ce travail est le plus souvent réalisé par un groupe de travailleurs avançant en ligne, éventuellement suivi par un technicien chargé d'assurer un contrôle complémentaire et de répondre aux éventuelles questions. Dans une variété ou un champ donné, les impuretés sont en général les mêmes et l'attention de l'équipe d'épuration peut-être au préalable attirée sur ces problèmes particuliers. La règle de base de l'épuration est d'éliminer toute plante sur laquelle il y a un doute car les risques encourus en laissant une plante indésirable sont bien plus considérables que la perte due à l'élimination d'une plante conforme. Une autre règle est de véritablement éliminer et détruire hors du champ toutes les plantes indésirables et non de simplement les arracher et abandonner sur le sol où elles sont susceptibles de reprendre (particulièrement en cas de pluie). Pour cette raison, chaque intervenant doit rassembler les plantes éliminées dans un sac afin de pouvoir à la fin les déverser dans un endroit sûr éloigné du champ. Dans certains cas, par exemple en présence de maladies, les plantes éliminées sont brûlées. Si la quantité de matériel végétal éliminé du champ est véritablement importante, elle peut être éventuellement utilisée pour l'alimentation du bétail.

Si les interventions d'épuration n'ont pas vocation à se transformer en opérations de désherbage de routine, il est impératif d'éliminer certaines mauvaises herbes dont on sait qu'elles constituent une menace pour les cultures. Le meilleur exemple est celui de la folle avoine (*Avena fatua*) dans les céréales à paille qu'il est difficile d'éliminer par triage mécanique. Il en est de même pour les sorghos sauvages ou adventices (Figure 14) qui peuvent être à la source de pollutions tant génétiques que mécaniques et doivent absolument être éliminés au champ. Les riz rouges posent le même problème mais il est beaucoup moins facile de les détecter visuellement au champ.

Plusieurs facteurs contribuent à l'efficacité de l'épuration. Le stade d'intervention est extrêmement important parce que les plantes indésirables, et tout particulièrement les variétés de la même espèce, ne peuvent souvent être identifiées qu'au tout début de la floraison. Dans certains cas, il peut être nécessaire d'effectuer deux passages. S'il est relativement aisé de repérer les variants qui sont plus hauts ou plus précoces que la variété multipliée, il est beaucoup plus difficile de discerner ceux qui sont de plus petite taille ou plus tardifs. Comme cela a déjà été dit, l'homogénéité facilite grandement ces opérations d'épuration. Quand le champ est hétérogène, du fait des variations de la fertilité ou de la réserve en eau du sol, ces interventions sont beaucoup plus malaisées. Les variétés d'espèces autogames sont normalement bien homogènes et les individus hors normes facilement identifiables ; mais les variétés d'espèces allogames de type population, beaucoup plus hétérogènes, peuvent être très délicates à épurer comme cela a été dit au chapitre 2. Dans certains cas, il peut être nécessaire d'éliminer jusqu'à peut-être 5 % des plantes pour maintenir la variété dans des limites raisonnables, ce qui n'est guère apprécié par l'agriculteur-multiplicateur car cela réduit d'autant son rendement en semences.

L'expérience que l'on a d'une culture en particulier ou la connaissance des principaux risques qui la concernent, permettent généralement de décider du moment le plus favorable à l'épuration et si cette opération doit ou non être renouvelée. Si la culture doit être inspectée aux fins de la certification, il est évident que les opérations d'épuration seront effectuées au préalable de façon à réduire les risques de refus et la nécessité d'une nouvelle inspection.

L'isolement des cultures porte-graines

L'isolement a pour objectif d'assurer une distance minimale entre une culture porte-graine et une source potentielle de contamination. Cela est particulièrement important pour les productions de semences d'espèces allogames qui doivent être préservées de toute introduction de pollen étranger. Au contraire, pour les espèces autogames comme le riz, les exigences en matière de distances d'isolement sont moindres : une bande de sol nu de 5 mètres, une haie ou une route peuvent constituer une séparation suffisante pour éviter tout mélange ou contamination accidentelle au moment de la récolte. Certaines espèces, comme le sorgho ou la fève, présentent un taux de fécondations croisées variable, fonction des conditions environnementales, et doivent donc être traitées comme des plantes allogames afin de minimiser ce risque. Parmi les espèces allogames il convient de distinguer celles qui sont pollinisées par le vent (pollinisation anémophile) de celles qui sont pollinisées par les insectes (pollinisation entomophile).

Les espèces pollinisées par le vent (anémophiles), dont le maïs est un excellent exemple, se caractérisent par la production abondante d'un pollen sec et léger qui peut être transporté très loin par le vent. Ce qui nécessite des distances d'isolement importantes pour minimiser les risques de pollinisations non souhaitées. Des expériences très élégantes, utilisant des gènes marqueurs qui provoquent la coloration du grain à la génération suivante, ont été réalisées chez plusieurs espèces afin de déterminer les distances parcourues par le pollen. La figure 15 montre l'allure générale des courbes obtenues qui exprime une chute rapide de la densité de pollen à proximité immédiate de la source suivie d'une diminution très progressive qui se maintient sur une grande distance. Cela signifie que, dans la pratique, il est extrêmement difficile de parvenir à un isolement parfait dans les zones maïsicoles où le vent transporte toujours quelques grains de pollen au moment de la floraison. Une distance d'isolement de 200 mètres est généralement considérée comme un bon compromis, permettant tout à la fois de trouver des champs adaptés à la production des semences et d'assurer un niveau de pureté génétique de la récolte satisfaisant.

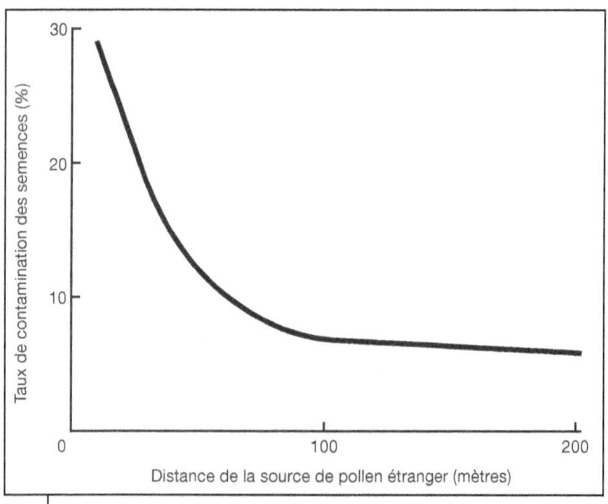

Figure 15. Évolution du taux de croisements indésirables en fonction de l'éloignement de la source de pollen.

Diverses mesures additionnelles permettent de réduire les contaminations dues au pollen transporté par le vent. En particulier :
– l'augmentation de la distance d'isolement du côté au vent de la parcelle ;
– l'implantation d'une barrière végétale dense autour de la parcelle destinée à piéger le pollen entrant ;
– l'utilisation de parcelles de grande taille, moins vulnérables que celles de petite taille du fait que la proportion de pollen étranger parvenant sur la culture y sera plus faible.

En règle générale, les distances d'isolement des premières générations de multiplication seront plus élevées (jusqu'à 400 mètres) pour assurer la pureté variétale et aussi parce qu'il s'agit de parcelles de petite taille. Il est également possible de produire ces premières générations dans des serres moustiquaires ou en ensachant individuellement les épis afin d'éviter toute fécondation illicite. Dans les régions où il existe de grandes plantations, des parcelles non utilisées ou attendant une replantation constituent d'excellents isolements pour la production de semences de plantes allogames.

Les espèces pollinisées par les insectes (entomophiles) produisent un pollen dense, souvent collant pour faciliter son transport par les insectes. Comme dans le cas des espèces anémophiles des distances d'isolement, généralement bien supérieures et pouvant dépasser le kilomètre, sont recommandées. Mais les insectes peuvent se déplacer sur des zones très vastes et un isolement parfait est, ici encore, difficile à atteindre. Cependant, la pratique courante qui consiste à avoir recours à des insectes pollinisateurs en plaçant des ruches tout autour du champ de porte-graines est très efficace pour tout à la fois augmenter la pollinisation et la quantité des semences produites tout en réduisant la proportion des insectes «visiteurs étrangers» dans la culture. Elle tire aussi parti du comportement naturel des abeilles qui ont tendance à butiner sur le même secteur une fois qu'elles y ont identifié une bonne source de nectar.

La question de l'isolement et des distances de sécurité a pris une importance accrue avec l'introduction des variétés OGM. La volonté de garantir l'absence totale de transgènes, combinée à l'utilisation de méthodes extrêmement sensibles permettant de les détecter, conduit à exiger des distances d'isolement considérables, difficilement admissibles dans les zones de production agricole intensive. Ces considérations pourraient complètement changer les pratiques de la production des semences si certains marchés en viennent à exiger une absence totale de transgènes.

Parmi les stratégies additionnelles pour améliorer l'isolement, il y a la possibilité de décaler les plantes dans le temps, c'est-à-dire en produisant les semences en dehors de la saison principale de culture. Cela est réalisable dans les régions où les températures permettent de pratiquer deux cultures par an. Une solution classique est de produire les semences pendant la saison sèche, en faisant appel à l'irrigation, ce qui présente en outre l'avantage précieux de diminuer les risques parasitaires. Une autre stratégie est celle des îlots de production qui consiste à définir par un accord (voire par la voie réglementaire) la liste des variétés cultivables dans une zone donnée. C'est ce qui est mis en œuvre en particulier par les producteurs de variétés de cotonnier de haute qualité pour lesquelles la pureté génétique est particulièrement importante.

En plus de ces pratiques spécifiquement destinées à maintenir la pureté génétique, d'autres dispositions peuvent être appliquées aux cultures porte-graines afin de faciliter la conduite de la culture ou améliorer la qualité des semences. Par exemple, la diminution de la densité de semis permet d'augmenter le taux de multiplication; de même, un plus grand écartement des rangs facilite les opérations d'épuration et de contrôle de la culture. Quant au semis à la volée, il doit être totalement proscrit en production de semences car il complique considérablement ces opérations.

La production de semences hybrides

Comme cela a été vu au chapitre 2, les variétés hybrides F1[11] présentent toute une gamme d'avantages techniques et commerciaux pour les sélectionneurs, les établissements semenciers et les agriculteurs, mais en contrepartie la production de leurs semences exige toujours beaucoup de soins. Cela se traduit par un prix nettement plus élevé des semences hybrides F1 mais correspond aussi au fait que ces semences se doivent d'être d'excellente qualité.

En plus du respect rigoureux des distances d'isolement règlementaires, il faut s'assurer que la pollinisation maximisera le croisement des deux lignées parentales tout en interdisant les autofécondations dont le produit apparaîtrait sous forme de hors-types dans les semences F1. Deux principales techniques permettent de contrôler le croisement :

---

[11] On peut généraliser cette appréciation à tous les types d'hybrides : F1, hybride double, hybride trois voies... (NdT).

– l'élimination de la source de pollen du parent femelle par castration manuelle ; dans le cas du maïs cela est relativement facile puisqu'il suffit d'ôter la panicule mâle située au sommet des plantes femelles. Les épis femelles ne peuvent plus être alors pollinisés que par le pollen des plantes mâles qui leur est apporté naturellement par le vent (Figure 15).

– l'utilisation d'un parent femelle mâle-stérile, qui ne produit donc pas de pollen et qui ne peut en conséquence être pollinisé que par le parent mâle.

Deux facteurs agronomiques permettent en outre d'optimiser la fécondation entre les deux parents. Un bon espacement et une bonne concordance des stades. L'espacement dépend du mode d'implantation de la culture et de la proportion globale des parents mâles ou femelles. Étant donné que les semences ne seront récoltées que sur les plantes femelles, une forte proportion de mâles réduira le potentiel de production. D'un autre côté, s'il n'y a pas assez de parents mâles, la densité de pollen risque d'être insuffisante et le nombre de graines récoltées sur la femelle diminuera. En pratique, la production de semences hybrides repose donc sur un bon équilibre entre ces deux facteurs contraires et conduit à une gamme de ratios de plantation allant de 1:2 à 1:4 selon l'espèce considérée. Pour des raisons de commodité, les plantes mâles sont le plus souvent semées sur deux rangs ce qui fait que les dispositifs observés dans les champs sont de deux rangs de mâles pour quatre, six ou huit rangs de femelles. En supplément, à titre de protection, des rangs de bordure de plantes mâles sont le plus souvent semés tout autour de la parcelle, en outre cela permet d'accroître la densité de pollen du parent mâle et de minimiser le risque de fécondation par un pollen étranger.

Pour que la production de semences soit maximale, les deux parents doivent pouvoir fleurir au même moment ou avec une période de chevauchement significative. Cela nécessite une connaissance *a priori* du cycle de développement de chacun des parents et peut conduire à réaliser des semis décalés dans le temps. Quand on met au point un nouvel hybride, ces aspects pratiques doivent être résolus avant que ne soit lancée une production à grande échelle, sachant que le comportement des lignées parentales peut varier d'un environnement à l'autre. Si l'on n'est pas certain de pouvoir parvenir à une bonne synchronisation des floraisons on peut faire deux semis décalés du parent mâle de façon à assurer une couverture pollinique convenable sur une plus longue période.

Si le parent mâle peut lui-même produire des graines (comme dans le cas du maïs), il est indispensable de bien éliminer les rangs de pollinisateurs après la floraison de façon à éviter tout risque de récolter des grains issus d'autofécondations mâles qui viendraient polluer le lot de semences. Les mâles doivent donc être fauchés et débarrassés du champ (Figure 16). Dans certains systèmes de production, chacun des deux parents peut porter des graines hybrides et ils sont donc tous les deux récoltés. Ils doivent alors être bien individualisés et leur semence contrôlée avant toute utilisation.

Figure 16. Champ de production de semences hybrides de maïs au Kenya : deux rangs de plantes mâles pollinisatrices sont encadrés par plusieurs rangs de plantes femelles (castrées) ; à droite, les rangs de mâles ont été évacués préalablement à la récolte des semences.

Les rendements des productions de semences hybrides sont en règle générale significativement inférieurs à ceux obtenus par une culture destinée à la consommation de la même espèce, et cela pour deux principales raisons. Tout d'abord, l'espace occupé par les plantes mâles est bien sûr perdu pour la production ; en second lieu, étant donné que ce sont des lignées consanguines, les parents femelles sont des plantes intrinsèquement moins vigoureuses avec un potentiel de rendement plus faible. Dans certains cas, les lignées parentales peuvent même être extrêmement faibles et fragiles, nécessitant beaucoup de soins et d'attention. Tous ces facteurs font que le prix de revient des semences hybrides est plus élevé. Comme cela a été indiqué au chapitre 2, la création d'hybrides doubles ou d'hybrides trois voies, en particulier chez le maïs, offre l'avantage d'utiliser

des lignées parentales femelles beaucoup plus vigoureuses et d'augmenter ainsi le potentiel de rendement en semences, mais au prix généralement d'une certaine perte de vigueur hybride[12] par rapport à l'hybride simple de référence.

Le recours à la stérilité mâle géno-cytoplasmique pour le parent femelle facilite la production des semences de maïs hybrides F1 puisqu'elle supprime l'opération de castration. En contrepartie, cela demande un travail supplémentaire au sélectionneur qui doit pouvoir multiplier cette lignée femelle mâle-stérile qui, par définition, ne peut pas s'autoreproduire, ce qui porte à trois le nombre de lignées nécessaires à la production d'une combinaison hybride F1 (Figure 17). Un tel système de stérilité mâle cytoplasmique a été développé pour le maïs hybride aux États-Unis, mais il s'est avéré être associé à la sensibilité à une maladie, l'helminthosporiose[13], ce qui a conduit à une petite catastrophe au niveau de la récolte américaine de 1970[14]. Suite à cette expérience, la quasi totalité des maïs hybrides continue à être produite en recourant à la castration manuelle des panicules mâles, mais les recherches continuent en vue de parvenir à un système mâle-stérile satisfaisant. Pour réduire les coûts de main-d'œuvre, les parents femelles peuvent être castrés mécaniquement en fauchant le sommet des plantes mais avec le risque de les endommager, ce qui exige une grande attention. Cependant, la stérilité mâle cytoplasmique est classiquement utilisée sans difficulté chez beaucoup d'autres espèces pour produire des semences hybrides : le sorgho et le mil pour les céréales, le tournesol, et de nombreuses espèces potagères comme l'oignon, le radis, les choux...

Le riz hybride a connu un essor considérable ces 25 dernières années, d'abord en Chine, puis en s'étendant aux autres pays d'Asie du Sud-Est et au-delà. Compte tenu de la petite taille de sa fleur qui interdit toute intervention manuelle à grande échelle, la stérilité mâle cytoplasmique est la seule option réaliste pour la production de semences hybrides. Les sélectionneurs de riz hybride utilisent donc, comme pour le maïs, un ensemble de trois lignées : une lignée femelle mâle stérile, la lignée isogénique autofertile dite « mainteneuse de stérilité » (ou lignée B qui permet de multiplier la lignée femelle) et une lignée mâle pollinisatrice dite « restauratrice » de fertilité, (ou lignée « R », qui en fécondant la lignée femelle, donne naissance aux semences hybrides F1 normalement fertiles).

---

[12] Et d'homogénéité (NdT).

[13] Race T du champignon *Helminthosporium maydis* (NdT).

[14] Vite corrigée dès l'année suivante ! (NdT).

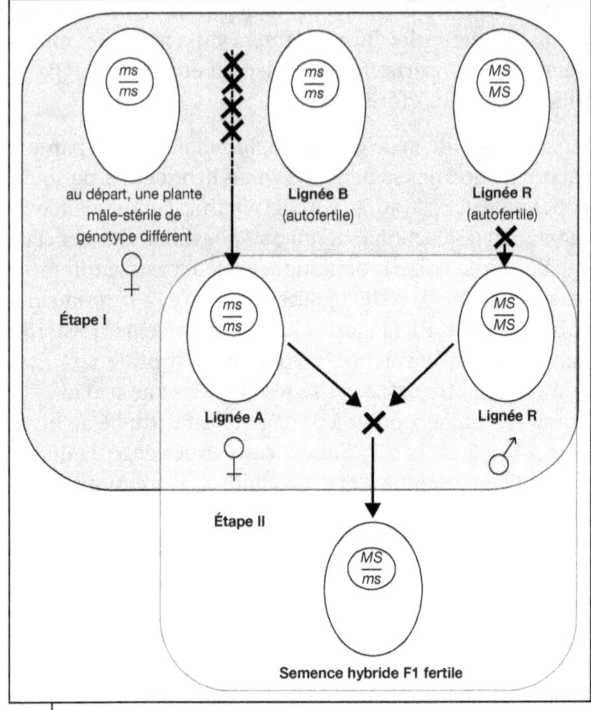

Figure 17. Production de semences hybrides avec la stérilité mâle géno-cytoplasmique.

Cette production met en jeu deux cytoplasmes, N (normal) et S (stérile), et un gène nucléaire avec deux allèles *MS* (dominant) et *ms* (récessif). Les individus (N, *MS/MS*), (N, *MS/ms*), (N, *ms/ms*), (S, *MS/MS*) et (S, *MS/ms*) qui sont porteurs d'au moins un allèle dominant sont fertiles. Seuls les individus (S, ms/ms) porteurs de deus allèles récessifs associés au cytoplasme S ne forment pas d'anthères ou ne produisent pas de pollen et sont donc mâle-stériles.

La production des semences hybrides nécessite deux étapes :

Étape I - création et multiplication de trois lignées
- Création d'une «lignée B» dite mainteneuse de stérilité. Il s'agit d'une lignée élite porteuse des allèles *ms/ms* avec un cytoplasme nécessairement «N». Elle est maintenue et multipliée par autofécondation.
- Création du parent femelle de l'hybride : c'est la «lignée A», obtenue par des croisements récurrents de la «lignée B» utilisée comme mâle avec une plante porteuse du cytoplasme «S» et de la combinaison *ms/ms*. Le produit obtenu est donc mâle-stérile et au bout de 6 à 8 croisements la «lignée A» est isogénique à la «lignée B», mais sur cytoplasme stérile. Elle est maintenue et multipliée par le même système de croisement.
- Création du parent mâle de l'hybride. Il s'agit d'une autre lignée élite aux qualités complémentaires à celles de la «lignée A», baptisée «lignée R» pour «restauratrice de fertilité» car porteuse des allèles *MS/MS* afin que l'hybride obtenu soit parfaitement fertile. Elle est maintenue et multipliée par autofécondation.

Étape II - Production des semences hybrides
La semence hybride est obtenue par la fécondation de la femelle «lignée A» par le mâle «lignée R».

La gestion de la production de semences et le recours à des producteurs sous contrat

Les responsables de production de semences doivent aussi considérer, en plus des aspects purement agronomiques, les questions relatives à la localisation et à l'organisation des productions de semences. Les deux principales options qui s'offrent à eux sont, soit le recours à des fermes semencières placées sous le contrôle direct du sélectionneur ou de la société semencière, soit de passer des contrats de production avec des agriculteurs qui produiront les semences pour le compte du semencier.

Les fermes semencières

Elles existent surtout dans les pays où le ministère de l'Agriculture ou d'autres structures d'État disposent de très grands domaines agricoles. C'était en particulier le cas des fermes d'État qui ont fonctionné dans le cadre des économies socialistes, avec des résultats généralement peu satisfaisants en raison de difficultés pour tout à la fois gérer une main-d'œuvre surabondante et essayer de satisfaire les exigences de rotation agronomique et d'isolement sur le domaine. Au final, seulement une petite partie des surfaces était effectivement utilisée pour la production de semences alors que tout le reste était conduit en fonction des contraintes imposées par ces productions de semences. Du fait de leur lourdeur administrative, les fermes semencières spécialisées ont acquis une mauvaise réputation et cette solution n'est en général plus recommandée pour des productions à grande échelle. Cependant, les firmes semencières ont besoin de surfaces pour tester leurs nouvelles variétés, produire des petits lots ou multiplier les premières générations : toutes ces opérations doivent être totalement maîtrisées par le sélectionneur et exigent une très grande discipline. C'est pourquoi les lignées parentales d'hybrides sont généralement produites sous le contrôle direct du sélectionneur de façon à tout à la fois assurer la qualité et la sécurité du matériel végétal.

Le contrat de multiplication de semences

Le contrat de multiplication est sans aucun doute la meilleure formule lorsqu'il s'agit de produire des semences à grande échelle car il offre une bien plus grande flexibilité, à condition toutefois que l'entreprise semencière puisse accéder à de bonnes parcelles répondant aux exigences de la production de semences. Les contrats de multiplication permettent aussi de répartir les productions sur des zones beaucoup plus étendues, ce qui constitue une assurance en cas de calamité agricole, permet de tirer parti des différences de précocité et d'étaler les récoltes sur une plus longue période. Les agriculteurs-multiplicateurs sont directement responsables de la gestion de leurs parcelles et fournissent l'intégralité de la main-d'œuvre et des équipements nécessaires aux interventions culturales, ce qui réduit considérablement la charge de gestion de la société semencière. Le contrat de multiplication présente donc de nombreux avantages mais plusieurs conditions doivent être réunies pour garantir de bons résultats :

– une sélection très rigoureuse des agriculteurs, qui doivent être parfaitement compétents, disposer de moyens de stockage suffisants et adaptés, et par-dessus tout, être des partenaires fiables ;
– un contrôle régulier des cultures pendant toute la période de végétation ;
– le paiement d'une prime significative par rapport au prix du grain consommation permettant de couvrir les frais de production supplémentaires engagés et de rémunérer la responsabilité ;
– un contrôle et un suivi attentif des semences que l'agriculteur-multiplicateur fournit à la société.

Le contrat de multiplication consiste très clairement en un partage des responsabilités et des obligations entre les deux parties, qui doivent y être parfaitement précisées et ne prêter à aucune interprétation. Ce contrat est un document officiel qui établit les bases de l'accord entre les deux parties concernées, en l'occurrence ici une société semencière et un agriculteur-multiplicateur. La forme et le libellé du contrat sont normalement définis par les règles et procédures en vigueur dans le pays considéré, avec un grand nombre de clauses standard propres à la production des semences comme on peut le voir dans le modèle de contrat présenté dans l'annexe de cet ouvrage. Il s'agit d'une forme de contrat classique, avec une page détaillant les aspects propres à chaque contrat particulier et une autre page portant sur les conditions générales de la société semencière.

Un barème précis et un paiement rapide sont indispensables pour que la contractualisation fonctionne de manière satisfaisante parce que les agriculteurs doivent être suffisamment récompensés en échange de leur loyauté et fidélité. Si le niveau de prix est trop bas, ils peuvent être tentés de distraire une partie des semences récoltées vers le marché

consommation (voire vers un marché des semences parallèle) ; s'il est trop généreux, il peut encourager de mauvaises pratiques, telles que par exemple l'ajout après la récolte de grains de consommation en provenance d'un autre champ. Pour les cultures dont le produit consommation est le grain, les prix spécifiés dans le contrat doivent toujours être raisonnables du point de vue de l'agriculteur-multiplicateur, surtout si les prix de marché sont fluctuants. Pour cette raison, il est courant de déterminer le prix contractuel des semences en ajoutant une prime au prix du marché consommation. Cette prime est générale-ment de l'ordre de 10 à 15 %, mais peut en fait varier en fonction de nombreuses considérations propres au contrat ou aux conditions locales du marché. Par exemple, la prime pourra être plus faible si la responsabilité de l'épuration incombe à l'entreprise semencière. Il faut aussi rappeler que le prix payé à l'agriculteur-multiplicateur est à la base du prix auquel sera vendu au final la semence, comme cela sera vu au chapitre 7. Quoi qu'il en soit, la confiance entre les deux parties est absolument essentielle car la réputation de l'entreprise semencière repose, de fait, sur le comportement des agriculteurs qui ne peuvent être soumis à un contrôle permanent. La mise en place de parcelles de contrôle *a posteriori* par l'agence de certification ou par la société semencière constitue un autre moyen pour contrôler la bonne application des conditions du contrat par les producteurs (Figure 33 au chapitre 6).

L'un des problèmes des pays tropicaux est la petite taille des exploi-tations qui oblige les sociétés à établir un grand nombre de contrats individuels. Cela peut être résolu en créant des parcelles communes réunissant plusieurs petits agriculteurs disposant de tenures contigües. Ce type d'arrangement est beaucoup plus attractif pour les entreprises et permet aux exploitants de partager les avantages liés à un contrat de multiplication. Les services nationaux de vulgarisation agricole peuvent encourager cette démarche qui constitue un bon moyen d'améliorer l'approvisionnement en semences. Le concept peut même être élargi en encourageant des villages entiers à s'impliquer dans la production des semences en parallèle avec leurs activités normales de production vivrière. Le fait de regrouper tous les contractants facilite la gestion de multiples façons, comme par exemple la planification des visites de contrôle en végétation ou le transport des semences après la récolte. Concentrer la production de semences dans une zone favorable peut aussi aider à la mise en place au plan local d'une association ou d'une coopérative d'agriculteurs-multiplicateurs susceptible de soutenir ses adhérents en investissant dans des moyens de stockage ou de triage.

Un autre avantage des contrats de multiplication, souvent négligé, est le rôle que les parcelles de production de semences peuvent jouer dans la vulgarisation agricole. Le fait dans un village d'avoir sous les yeux une parcelle bien conduite d'une variété connue peut constituer une bonne opération de promotion capable de retenir l'attention de tous ses habitants. Certains contrats tiennent compte de ce constat en permettant à l'agriculteur-multiplicateur de disposer d'une partie de la récolte pour emblaver sa propre exploitation ou pour la vendre localement. Si ce prélèvement réduit le volume des semences récupérées par l'établissement semencier il contribue par contre à la promotion de la variété et au développement global du marché des semences.

Planification et gestion de la production de semences

La production est l'une des activités clés des sociétés semencières et généralement l'une des principales branches de son organigramme (Figure 38 au Chapitre 7). Une production réussie repose sur une très soigneuse planification à long terme étant donné les contraintes qu'imposent les cycles de culture saisonniers. Contrairement aux productions industrielles, il n'est quasiment pas possible de résoudre rapidement une pénurie de semences. Également, une surproduction n'est pas souhaitable du fait du risque de détérioration, en particulier dans un environnement tropical, des lots de semences qui feraient l'objet d'un report. Une complication supplémentaire est due à la nécessité pour le sélectionneur de planifier à l'avance deux à trois générations de multiplication afin de pouvoir fournir les semences de base ou de pré-base nécessaires à l'établissement semencier. Une parfaite connaissance des facteurs de multiplication est donc indispensable pour élaborer un plan de production qui s'étale sur les deux ou trois années ou saisons de culture à venir.

Le plan de production doit être bien sûr basé sur les projections de ventes par espèce et par variété pour les années à venir. Il est préparé par le service commercial de l'entreprise sur la base des informations relatives aux ventes réalisées précédemment, des tendances du marché observées et d'autres facteurs comme le déclin des variétés anciennes et l'arrivée de nouvelles variétés, l'impact des campagnes promotionnelles ainsi que tout élément susceptible de modifier les systèmes de production des agriculteurs. Une fois que ce plan a été approuvé par

le comité de direction il appartient au service production de le mettre en œuvre pour fournir les volumes de semences prévus.

Les compétences nécessaires à l'élaboration d'un plan de production dans une région et pour une espèce données sont le résultat des expériences et savoir-faire accumulés au fil des années, avec cependant toujours comme principe de base, de lui conserver une certaine souplesse afin de pouvoir réagir à tout évènement inattendu. Cette flexibilité peut être obtenue par les moyens suivants :

– constituer et maintenir un noyau dur d'agriculteurs-multiplicateurs de confiance. Essayer de proposer chaque année des contrats susceptibles d'entretenir leur intérêt et leur fidélité, de façon à les rendre plus ouverts aux requêtes urgentes et aux changements de dernière minute ;

– produire toujours en léger excès par rapport aux besoins prévisibles les toutes premières générations (pré-bases et bases) et les conserver dans d'excellentes conditions de façon à toujours disposer d'une réserve disponible pour une demande imprévue ou un accident de culture ;

– pratiquer des densités de semis plus faibles et/ou privilégier la production en situation irriguée de façon à augmenter le taux de multiplication ;

– constituer et conserver des stocks de semences en excès par rapport à la demande prévisible pour les variétés les plus précoces, rustiques et souples, susceptibles d'être utilisées en cas d'urgence ou d'accidents de culture ;

– mettre en place des cultures en contre-saison pour atteindre plus rapidement le volume critique nécessaire au développement d'une variété particulière ou anticiper un manque prévisible de semences. Cette solution peut être assez facilement mise en œuvre dans les zones tropicales, mais rarement possible dans les zones tempérées sauf à réaliser ces productions dans une autre partie du monde.

5. Récolte et préparation des semences

La récolte est un stade critique du cycle de production des semences[15] : elle transforme une production de grains au champ en un lot de semences qui va être identifié et stocké individuellement. Elle marque aussi la fin du développement de la graine et le stade à partir duquel, devenue semence, elle est confrontée à des risques nouveaux qui doivent être maîtrisés. Même s'il existe quelques possibilités permettant d'améliorer la qualité d'un lot de semences, il demeure que les caractéristiques physiologiques de chaque graine prise individuellement s'acquièrent au champ et qu'elles ne pourront pas être modifiées après la récolte.

Les choix de la date et de la méthode de récolte sont des responsabilités importantes. Ces décisions dépendent de multiples facteurs : des conditions climatiques ; de la disponibilité du matériel de récolte, de la main-d'œuvre nécessaire, des moyens de transport ; des risques d'attaque par des ravageurs ou des maladies ; de la disponibilité des installations de séchage et de stockage post-récolte. Les agriculteurs et les responsables de production sont tenus d'être très réactifs vis-à-vis de ces données qui varient rapidement et sur lesquels ils ont peu de prise, et tout particulièrement du climat. Les difficultés rencontrées et les erreurs commises à ce stade qui impactent la qualité des semences ne pourront pas être corrigées ultérieurement. Si l'on peut compter sur un climat sec au moment de la récolte, la plupart de ces risques sont réduits. Toutefois, des conditions de très forte sécheresse peuvent, de leur côté, être à l'origine d'un égrenage prématuré et augmenter les risques de dommages mécaniques.

---

[15] Il n'existe pas d'équivalent français à l'expression anglo-saxonne « *seed processing* » qui recouvre selon le contexte l'ensemble ou une partie seulement des opérations nécessaires à la transformation d'une graine en une semence : nettoyage, séchage, triage et calibrage, stockage, traitement phytosanitaire, ensachage-conditionnement pour la distribution, auxquelles il faut encore ajouter l'application de techniques plus sophistiquées, telles que des conditionnements physiologiques (pré-imbibition, pré-germination, etc.) ou l'enrobage, mais qui ne concernent que des semences à très haute valeur ajoutée de quelques espèces. Dans cet ouvrage, *seed processing* est donc traduit selon le cas par « préparation des semences », « nettoyage-triage des semences », « emballage-conditionnement des semences », etc. (NdT).

Matériel et opérations de récolte

Dans leur détail les opérations de récolte varient en fonction de la structure et du développement des plantes porte-graines ; en général elles se décomposent en deux étapes bien distinctes : tout d'abord le fauchage de la récolte puis la séparation des graines du reste de la plante, qui correspond au battage. Dans les systèmes de production traditionnels, ces deux opérations sont le plus souvent séparées : les plantes sont fauchées manuellement, rassemblées et souvent laissées sur le champ quelques jours pour parfaire leur séchage avant le battage. Une autre solution est de les couper puis de les transporter aussitôt sur un plancher ou une aire appropriée où elles seront séchées avant d'être battues. En effet, une bonne dessiccation de l'ensemble des parties végétatives de la plante facilite le battage, mais accroit dans le même temps le risque de pertes par égrenage.

Dans les systèmes agricoles mécanisés, les deux opérations sont généralement réalisées simultanément avec une machine automotrice, la moissonneuse-batteuse. Toutes les céréales et de très nombreuses autres espèces sont parfaitement adaptées à ce type de récolte, sous réserve de présenter une maturité suffisamment homogène et une résistance satisfaisante à l'égrenage spontané. Mais pour d'autres espèces, il est plus intéressant de laisser quelques jours les plantes fauchées sur le champ sous forme d'andain pour compléter leur séchage avant de faire passer la moissonneuse-batteuse (Figure 18). On peut procéder différemment pour le maïs du fait de son architecture de plante très particulière : les épis peuvent être récoltés entiers avec une teneur en eau des grains beaucoup plus élevée, puis mis à sécher tels quels, c'est-à-dire en épis.

Les procédés de fauchage dépendent des habitudes et besoins locaux. Une coupe basse, près du sol, fournit plus de paille (ou autre matière végétale) qui peut constituer un coproduit tout à fait intéressant dans certains systèmes de production. Le battage est une opération plus complexe qui peut avoir des conséquences sur la qualité des semences. Dans sa forme la plus simple, les plantes sont plus ou moins rassemblées en gerbes et battues sur le sol, éventuellement avec un fléau, afin de libérer les graines. Réalisé manuellement, c'est un travail harassant pour lequel ont été développées très tôt des solutions mécaniques. Les petites unités mobiles de battage constituent d'ailleurs l'une des formes de mécanisation les plus fréquentes des communautés agricoles traditionnelles (Figure 19). Elles peuvent être amenées au champ ou installées au centre du village. Classiquement, elles sont constituées

Figure 18. Séchage d'andains de porte-graines de brassicas avant le passage de la moissonneuse-batteuse.

Figure 19. Une petite batteuse mobile pour le riz (Sri Lanka).

d'un tambour cranté ou rainuré tournant rapidement à l'intérieur d'un carter fixe. Les plantes sont introduites dans l'espace laissé libre entre le tambour et le carter, et les graines arrachées des épis tombent au fond de la machine tandis que les pailles sont éjectées intactes par le côté opposé. La vitesse de rotation et l'espace entre le tambour et le carter sont réglables en fonction du type des plantes à battre.

Le battage mécanique libère, en même temps que les graines, une grande quantité de balle et autres débris légers. C'est pourquoi les batteuses comportent généralement un ventilateur créant un flux d'air permettant d'aspirer et puis souffler à l'extérieur une partie de ces éléments légers. Le battage manuel de la récolte conduit souvent à un produit plus propre, mais duquel il faut quand même éliminer les restes de balle et de paille à l'aide du vent ou d'un ventilateur. C'est le vannage, qui peut s'avérer parfaitement efficace s'il est pratiqué avec soin. Dans les zones rizicoles, le vannage des grains ou des semences sur les aires de battage est un spectacle classique de l'après-récolte.

La moissonneuse-batteuse (Figure 20) est désormais un équipement standard en agriculture industrielle qui a bénéficié de très nombreux perfectionnements pour améliorer ses performances. Elle réalise de manière combinée l'ensemble des opérations que sont la coupe (ou le ramassage de l'andain si la récolte a été pré-fauchée), le battage dans un batteur cylindrique de grande taille, puis un premier tamisage et une ventilation permettant d'éliminer respectivement les débris lourds et légers. Les grains ou les semences sont collectés dans une trémie tandis que la paille et les autres résidus du battage sont expulsés par l'arrière de la machine. L'efficacité du système de nettoyage doit être très régulièrement vérifiée en contrôlant la composition des résidus rejetés, en particulier la présence de grains normaux, auquel cas il est impératif de procéder à des réglages.

Les opérations et les équipements que l'on vient de décrire sont identiques quelle que soit la destination de la récolte, grains pour la consommation ou semences. La seule véritable différence porte sur la plus grande attention qu'il faut apporter lorsqu'il s'agit de semences afin d'éviter tout dommage mécanique lors du battage. À ce propos, l'état de la culture est très important car une trop grande ou trop faible humidité des plantes à battre se traduit par une augmentation des dégâts mécaniques. Par ailleurs, la récolte mécanique comporte un risque majeur : la pollution du lot de semences par des graines provenant de variétés précédemment récoltées avec la même machine. Ce risque est permanent tout au long des opérations de préparation,

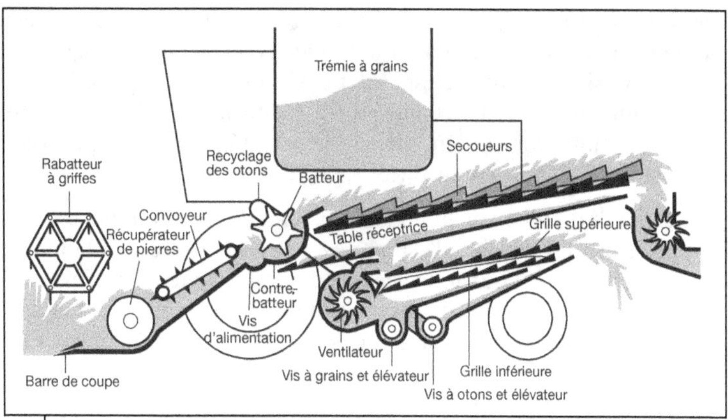

Figure 20. Les principaux éléments constitutifs d'une moissonneuse-batteuse.

de séchage et de stockage des semences, et d'autant plus élevé qu'elles sont plus mécanisées, sauf à bien respecter les consignes de nettoyage.

Avec tous les équipements de récolte mécaniques, et tout particulièrement dans le cas des moissonneuses-batteuses, il est impératif de respecter une séquence très précise d'opérations de nettoyage chaque fois que l'on passe d'une variété à une autre. Il faut laisser la machine tourner à vide pendant quelques minutes afin d'évacuer toutes les matières pouvant encore demeurer dans les circuits, puis ensuite nettoyer ces derniers, de préférence à l'air comprimé, afin d'expulser toutes les graines encore coincées. Étant donné que ces opérations de nettoyage prennent beaucoup de temps, il est préférable de bien planifier la récolte de façon à ce que la moissonneuse-batteuse, ou les autres équipements, travaillent sur la même variété le plus longtemps possible. Si un nettoyage complet n'est pas possible, une autre solution pratique est de mettre à part les premiers sacs issus de la nouvelle variété et de les déclasser en grains consommation, en faisant l'hypothèse que la plupart des contaminants restés dans la machine y auront été entraînés.

Les méthodes et les équipements de séchage

Le séchage d'un lot de semences après la récolte peut s'avérer nécessaire si l'humidité des grains (% teneur en eau) après le battage, qui est fonction du stade de maturité des semences et de l'humidité relative de l'atmosphère, est trop élevée. Comme déjà indiqué au chapitre 3, les risques encourus par des semences présentant des teneurs en eau élevées sont d'autant plus importants que la température ambiante est élevée. Ainsi, pour chaque espèce et environnement donnés, il existe une «humidité des grains limite» pour le stockage des semences, et des dispositions doivent être prises de façon à y parvenir le plus rapidement possible après la récolte.

L'idéal serait d'utiliser un humidimètre, mais dans la pratique un agriculteur averti est capable d'estimer avec assez de précision la teneur en eau des grains à l'odeur ou avec les dents. Lorsque les récoltes sont effectuées par beau temps, la teneur en eau des grains est toujours faible et il n'y a généralement pas besoin de séchage. Par contre, s'il y a risque de pluies, il est indispensable d'anticiper et de s'organiser en vue d'une éventuelle opération de séchage.

Deux méthodes classiques permettent de sécher les semences : la première, naturelle, consiste à épandre les grains sur l'aire de battage ou une autre grande surface adaptée pour les exposer à l'effet desséchant du soleil ; l'autre, plus artificielle, est la ventilation forcée qui consiste à soumettre les grains à un flux d'air chaud. Le séchage au soleil est une technique simple et peu coûteuse mais est exigeante en main-d'œuvre pour remuer les grains au râteau et pour les couvrir rapidement en cas de menace de pluie (Figure 21). Mais sa capacité est limitée quant au volume de grains qu'il est possible de traiter sur une surface et une période données. De plus, il est impératif de bien identifier et individualiser les lots de semences tout au long des opérations de séchage et de retournement des grains sur le sol afin d'éliminer tout risque de mélange.

Le séchage artificiel implique une source de chaleur (un brûleur quelconque) et un ventilateur pour forcer l'air chauffé à traverser la masse des grains. On dispose pour cela de toute une gamme de matériels très variés en termes de taille, de capacité et de complexité. Il n'est pas question dans cet ouvrage de passer en revue tous ces systèmes, que l'on ne considérera que sous l'angle qui nous intéresse ici, leur aptitude à traiter des semences et non des grains. Étant donné que chaque lot de semences doit être traité individuellement, les matériels de grande taille ou complexes sont généralement peu adaptés. En outre, comme un excès de température peut endommager les semences, le système de contrôle doit être très précis et fiable. Pour le séchage des semences, la température maximale recommandée de l'air entrant est normalement de 45 °C alors qu'elle peut être plus élevée s'il s'agit de grains destinés à la consommation. Enfin, la température de l'air doit

Figure 21. Séchage naturel de semences sur une aire de battage.

être d'autant plus basse, et son débit d'autant plus élevé, que la teneur en eau des semences est plus haute.

Un système de séchage à la fois pratique et simple consiste à étaler les semences sur un sol en dur traversé par un air chaud amené par des conduits de ventilation à partir d'une unité de chauffe extérieure. Ce système peut être prévu au moment de la construction des bâtiments d'exploitation, il est certes encombrant, mais tout cet espace est disponible le reste du temps pour d'autres usages. Une forme plus évoluée du séchage au sol est de fabriquer de grands containers à fond plat dans lesquels on insuffle l'air, mais qui exigent beaucoup de main-d'œuvre pour les remplir puis les vider. Une autre version du même système est le séchoir à alvéole, dans lequel des caisses en bois ou en métal de taille standard sont reliées à un système de distribution d'air chaud. Cela permet de sécher simultanément plusieurs variétés distinctes à partir de la même source de chaleur, mais les caisses doivent être construites avec soin afin d'éviter toute perte ou piégeage de graines.

Un système similaire, très pratique pour le séchage des semences, est le séchage en sac. Les sacs de semences individualisés sont posés sur un plancher métallique à claire voie placé au dessus d'une chambre de répartition reliée à un grand ventilateur qui propulse l'air chaud à travers les sacs. Là encore, cela présente l'avantage de pouvoir traiter simultanément plusieurs variétés, à condition toutefois que les sacs soient bien identifiés. Bien sûr, les sacs doivent recouvrir toute la surface soufflante pour éviter les pertes d'air chaud.

Les grosses unités de séchage par lot sont, à la base, constituées par un caisson dans lequel on sèche la masse des grains par une ventilation forcée introduite selon différents dispositifs. Si l'air ne pénètre que par le plancher du caisson, il aura tendance, au moins dans un premier temps, à provoquer une simple migration de l'humidité des couches inférieures de la masse des grains vers les couches supérieures. Pour pallier cela, on a mis au point des systèmes plus sophistiqués de distribution des flux d'air ou de circulation des grains qui permettent d'assurer un séchage homogène de l'ensemble de la masse des grains. Dans les séchoirs à flux continus, encore plus perfectionnés, c'est la masse de grains elle-même qui circule au travers des chambres de séchage. Ces types de séchoirs sont très efficaces, mais ils sont surtout destinés à des installations à forte capacité et entraînent des risques de mélange et de dégradation de la qualité des semences plus élevés.

Du point de vue physique, la technique du séchage est quelque peu complexe car elle combine en fait deux phénomènes : le premier est la circulation du flux d'air chaud dans les espaces inter granulaires de la masse à sécher ; le second est la migration de l'eau contenue dans la graine vers sa surface et son élimination par le flux d'air. Ces deux phénomènes physiques peuvent être représentés par une série d'équations prenant en compte les gradients de l'humidité et de la température au niveau de la surface de contact ainsi que la résistance que la masse des grains oppose à la circulation de l'air. Mais ce n'est pas tout, car il faut également considérer les phénomènes biologiques intervenant au sein de la graine elle-même, pour laquelle des températures trop élevées ou une déshydratation trop rapide des couches périphériques peuvent entraîner des dommages et par suite réduire sa faculté germinative.

En plus de l'investissement en capital que représente un tel équipement, le séchage artificiel nécessite de l'électricité pour alimenter le ventilateur et les autres équipements motorisés ainsi qu'un système de réchauffage de l'air. La source de toute cette énergie est fonction des disponibilités locales : ce peut être du fuel, du gaz, voire même du charbon. Dans certains cas, il est possible de brûler des déchets de production, comme par exemple des rafles de maïs égrenées. Quand le séchage est systématiquement indispensable, il peut représenter une part significative du prix de revient global des semences. Dans certains milieux tropicaux humides, il peut même s'avérer nécessaire, en plus du séchage déjà effectué juste après la récolte, de procéder à un séchage complémentaire des semences pendant leur stockage. Une solution alternative consiste alors à utiliser une sacherie doublée

de plastique ou tout autre système d'emballage étanche qui permet de maintenir la faible teneur en eau malgré ces conditions.

Une fois que la teneur en eau du lot de semences a atteint, grâce au séchage, une valeur satisfaisante (qui doit en règle générale être inférieure à 12 % pour les conditions tropicales) il peut être temporairement stocké dans des sacs, des cellules ou des silos dans l'attente des opérations complémentaires qui permettront de parachever son conditionnement. Si, à cette fin, des manutentions mécaniques au moyen d'élévateurs et de convoyeurs sont nécessaires, elles doivent être organisées et suivies de telle sorte qu'il ne demeure aucune graine dans les circuits à la fin du traitement de chaque lot pour éviter les mélanges de variétés. De même, à chaque opération de stockage, même temporaire, le ou les containers doivent être immédiatement et systématiquement repérés avec le nom de la variété et le numéro du lot afin d'éviter toute confusion. Tout manquement à ces procédures simples peut entraîner des problèmes considérables tels que des erreurs d'identification ou des mélanges de lots au sein de la station semences.

Le nettoyage-triage-calibrage des semences

Le traitement mécanique des semences, appelé aussi nettoyage-triage-calibrage, est une activité spécifique au secteur semencier formel. Il a pour but d'améliorer par différents moyens la qualité d'un lot de semences afin que celui-ci réponde à des normes spécifiques. Ces normes peuvent être partie intégrante d'un schéma de certification officiel, s'appuyant le plus souvent sur des lois ou règlements, ou de la politique d'assurance qualité que l'établissement semencier s'impose à lui-même. Ce traitement mécanique est réalisé au moyen d'une série d'appareils qui exploitent les propriétés physiques des graines de façon à éliminer des lots de semences les éléments étrangers ainsi que les grains de mauvaise qualité.

Les deux principales techniques employées dans pratiquement toutes les chaines de nettoyage-triage sont :
– le tamisage qui sépare les grains sur la base de leur largeur ;
– la ventilation qui les sépare sur la base de leur densité.

Ces deux opérations sont réalisées conjointement par le nettoyeur-séparateur à flux d'air qui est l'outil de base pour le nettoyage des semences. Il se compose d'un gros ventilateur qui crée le flux d'air et d'une série de tamis avec des perforations de formes et de tailles variables en fonction des graines à trier, animés par des mouvements oscillants ou de va-et-vient. Le ventilateur peut être positionné au dessus des tamis, créant un effet de succion (une pression négative) capable d'aspirer les éléments légers contenus dans le flux de grains, ou en dessous, provoquant, par une pression positive, l'évacuation vers l'extérieur de ces éléments légers. Cette ventilation peut-être appliquée en amont, ou en aval du tamisage, voire aux deux endroits à la fois.

Le tamisage s'effectue dans de grands caissons secoueurs dont le fond, généralement incliné, est constitué par un ou deux niveaux de tamis (ou de grilles). Le tamis du haut réalise un premier tri plus ou moins grossier éliminant les éléments les plus volumineux (qui demeurent sur le dessus) tandis que les éléments les plus fins traversent le tamis du dessous ; l'essentiel de la masse des grains circule donc à la surface de la grille basse du caisson avant d'être reprise. La même opération peut être répétée avec un deuxième caisson mais dont les grilles ont des perforations de plus petites tailles : à nouveau, les éléments grossiers sont retenus par la grille du haut tandis que les plus fins tombent sous la grille basse, la masse des grains avec les bonnes caractéristiques circulant et étant récupérée sur le dessus du tamis bas (Figure 22). Les grilles sont fixées sur des bâtis standard qui permettent de les changer facilement. Chaque appareil est toujours fourni avec un jeu de grilles qui permet de répondre à tous les besoins du nettoyage, et il est donc important de disposer à proximité d'un espace suffisant pour stocker et manipuler ces grilles.

Pour que ce nettoyage soit efficace, la masse des grains doit s'écouler uniformément en une couche fine à la surface des grilles, de façon à ce que chacun des grains puisse fréquemment se trouver en contact des perforations. Le flux des semences sur les grilles est donc contrôlé et ajusté au niveau de l'alimentation par un rouleau distributeur. Chaque machine a une capacité théorique, définie en tonnes/heure, mais dans la pratique il y a une relation étroite entre les caractéristiques initiales du lot de semences, le débit de la machine et la qualité du produit final. Des lots très sales exigent naturellement un plus faible débit pour parvenir à un nettoyage correct.

Lorsque les volumes de semences à conditionner sont très importants il est aussi souvent fait appel à un pré-nettoyeur. Cet appareil fonctionne sur le même principe que le nettoyeur-séparateur mais avec un débit plus élevé. Lorsque c'est possible, on fera passer les semences dans un pré-nettoyeur le plus tôt possible après la récolte afin d'éliminer l'essentiel des impuretés avant le pré-stockage ou le séchage.

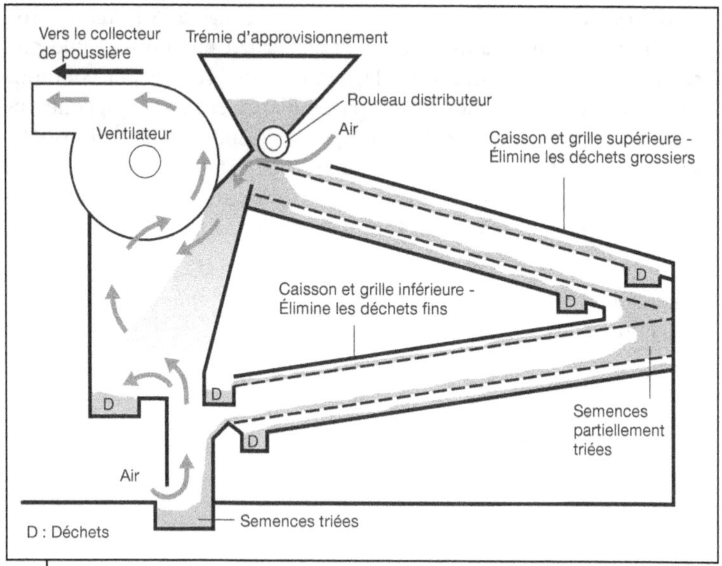

Figure 22. Schéma de principe d'un nettoyeur-séparateur par ventilation (coupe transversale).

De très nombreux appareils ont été mis au point afin d'améliorer la qualité d'un lot de semences ou pour répondre à des besoins de nettoyage spécifiques à certaines espèces. Le tableau 3 en présente un certain nombre, classés approximativement par ordre d'importance, et explique brièvement leur mode de fonctionnement et utilité. Le nettoyeur-séparateur à flux d'air, le cylindre à alvéoles et la table densimétrique sont de loin les plus importants et les plus utilisés dans toutes les usines de triage-conditionnement de semences. Dans bien des cas, le nettoyeur séparateur à flux d'air est, à lui seul, suffisant pour le nettoyage standard. En revanche, une table densimétrique, à condition qu'elle soit bien réglée, peut permettre de considérablement améliorer les caractéristiques d'un lot de semences initialement de mauvaise qualité en éliminant les grains légers et non viables.

Les producteurs de semences sous contrat peuvent eux-mêmes entreprendre des opérations de séchage, pré-nettoyage et stockage d'attente à la ferme avant de faire parvenir leur récolte à l'établissement semencier. Le séchage peut être indispensable si la récolte a été effectuée dans des conditions humides et le pré-nettoyage permet d'améliorer la durée potentielle de stockage en éliminant l'essentiel des débris de récolte. La possibilité d'un stockage à la ferme est très précieuse pour un établissement semencier car elle permet une plus grande souplesse au niveau de la livraison des récoltes, à condition toutefois d'être bien conduit, tout particulièrement en ce qui concerne le contrôle du parasitisme. Le partage des responsabilités des opérations de post-récolte entre le producteur et l'établissement doit être bien défini dans le contrat et doit se retrouver aussi au niveau du prix payé au producteur comme cela a été mentionné au chapitre 7.

Tableau 3. Présentation sommaire des différents appareils de triage et de nettoyage.

Appareil	Utilité	Commentaire
Cylindre à alvéoles	Tri sur la longueur	Élimination des grains cassés et des petites impuretés demeurées après le passage dans le nettoyeur séparateur à flux d'air
Table densimétrique	Tri sur le poids spécifique et la densité	Élimination des graines légères demeurées après le passage dans le nettoyeur séparateur à flux d'air
Ébarbeur	Élimination des barbes et autres appendices	Placé en amont du nettoyeur séparateur à flux d'air
Séparateur à spirale	Élimination des éléments aux formes irrégulières dans des graines lisses et arrondies	Très efficace pour le triage des graines rondes telles que celles des brassicas ou du soja
Convoyeur à bande inclinée	Élimination des éléments aux formes irrégulières dans des graines lisses et arrondies	Très simple et facile à régler
Trieur colorimétrique	Élimination des graines présentant une coloration non conforme (dégâts d'origine physique ou parasitaire)	Utilisé surtout pour les semences potagères qui sont sujettes à décoloration
Séparateur magnétique	Élimination des graines d'adventices à enveloppe rugueuse dans des graines lisses	Surtout utilisé pour éliminer les graines de cuscute dans les semences de légumineuses
Rouleaux à velours	Élimination des graines d'adventices à enveloppe rugueuse	Utilisé pour éliminer les graines de cuscute dans les semences de légumineuses

Le traitement des semences

Les opérations et les équipements qui viennent d'être décrits permettent d'éliminer les impuretés et les graines défectueuses contenues dans un lot de semences ; quant au séchage, il permet de ramener la teneur en eau des grains à un niveau convenable. Cependant, à la sortie de la chaine de triage il est possible d'appliquer des produits sur la semence pour améliorer son état sanitaire ou pour lui apporter une protection supplémentaire durant sa germination et son implantation au champ. C'est ce qu'on appelle couramment le traitement de semences. Les progrès acquis dans les domaines de la chimie de la protection des cultures et de la technologie des formulations (galénique) en font un sujet complexe et en permanente évolution, qui ne sera abordé ici que brièvement, en mettant l'accent sur les méthodes existantes les plus simples.

La gamme des équipements disponibles pour le traitement des semences varie énormément en capacité, en coût et en complexité. Les types de traitements sont eux-mêmes extrêmement diversifiés (Tableau 4) et influent sur le choix de l'équipement. Un traitement de semences engendre un risque de surdosage des matières actives au niveau de la semence ainsi qu'éventuellement un risque d'intoxication des personnes en charge de sa réalisation.

Les éléments et fonctionnalités d'un équipement de traitement de semences sont les suivants :
– un réservoir avec système d'homogénéisation continu contenant la préparation chimique à appliquer ;
– un doseur contrôlant en continu l'écoulement du produit en fonction du flux de semences à traiter de façon à assurer le dosage correct ;
– un système d'application du produit sur les graines qui assure une répartition homogène, faisant généralement appel à des buses de pulvérisation ou à des disques rotatifs ;
– un système de brassage intervenant aussitôt après de façon à achever de répartir uniformément dans l'ensemble du lot de semences, et avant son séchage, le produit à la surface des grains ;
– une ensacheuse des semences traitées.

Les deux méthodes opératoires les plus simples sont :
– le traitement par lot, pour lequel un volume (ou un poids donné) de semences et une quantité correspondante de produit sont mélangés puis évacués (le système le plus simple) ;
– le traitement continu, où un flux dosé de produit est appliqué sur un flux contrôlé de semences.

Tableau 4. Comparaison des formulations pour le traitement des semences et leurs mises en œuvre.

Formulation	Avantages	Inconvénients	Remarques
Poudre : la matière active (MA) est mélangée à un support poudre	Economique, formulation simple ; facile à mettre en œuvre ; faible phytotoxicité	Faible rémanence ; charge en MA limitée ; risques pour la santé dus à la poussière ; peut boucher les descentes des semoirs	Le plus souvent remplacé par des formulations plus évoluées mais demeure adaptée aux agricultures émergentes
Liquide : la matière active est dissoute dans un solvant	Facile à mettre en œuvre ; absorption rapide par la surface de la graine	Risque d'un épandage irrégulier et de phytotoxicité	Le dosage doit être précis ; solvant parfois toxique
Suspension : deux phases ; la fraction MA est mise en suspension dans un liquide porteur	Possibilité d'une forte charge en MA ; plusieurs MA distinctes peuvent être associées dans le même produit	Le produit peut se révéler instable pendant le stockage et peut se révéler difficile à appliquer	Formulation plus complexe, largement utilisée mais nécessitant un bon matériel d'épandage
Enrobage par un polymère : la MA est appliquée en couche fine sur la graine, comme une peinture vinylique	Dosage et adhésion excellents ; application possible de plusieurs couches avec plusieurs MA	Nécessite un bon équipement ; trop onéreux pour les grosses graines	Utilisé principalement pour les semences potagères ; la technique d'enrobage est très utilisée par d'autres secteurs industriels (pharmacie)

MA : matière active du produit phytosanitaire

La plupart des traitements sont maintenant appliqués sous forme de liquides ou de suspensions. Cependant, il arrive que des poudres soient encore utilisées avec divers procédés adaptés. La chimie des produits de traitements des semences s'est considérablement sophistiquée afin d'améliorer tout à la fois son efficacité et sa sécurité. Une formulation classique comprend désormais une matière active (MA), un support qui permet de véhiculer cette matière active, des stabilisants destinés à maintenir les propriétés du produit durant son stockage, des adhésifs qui facilitent sa fixation sur la graine ainsi que des pigments qui permettent de repérer les graines traitées. Les éléments constitutifs et le fonctionnement d'un matériel de traitement simple sont présentés à la figure 23.

Les traitements de semences utilisent les produits phytosanitaires d'une façon extrêmement ciblée ce qui fait que la dose de matière active appliquée à l'hectare est très faible. C'est la raison pour laquelle les industriels de la chimie se sont intéressés au traitement de semences en tant que moyen de protéger les cultures durant les premières phases de leur développement. Ce concept a pris de l'ampleur grâce à l'utilisation de substances d'enrobage qui permettent de superposer plusieurs couches de produits sur les graines. En principe, il n'y a pas de limite à la charge que l'on peut mettre sur une graine, hormis le coût très élevé de ces traitements très élaborés qui les font réserver principalement aux semences potagères à haute valeur ajoutée.

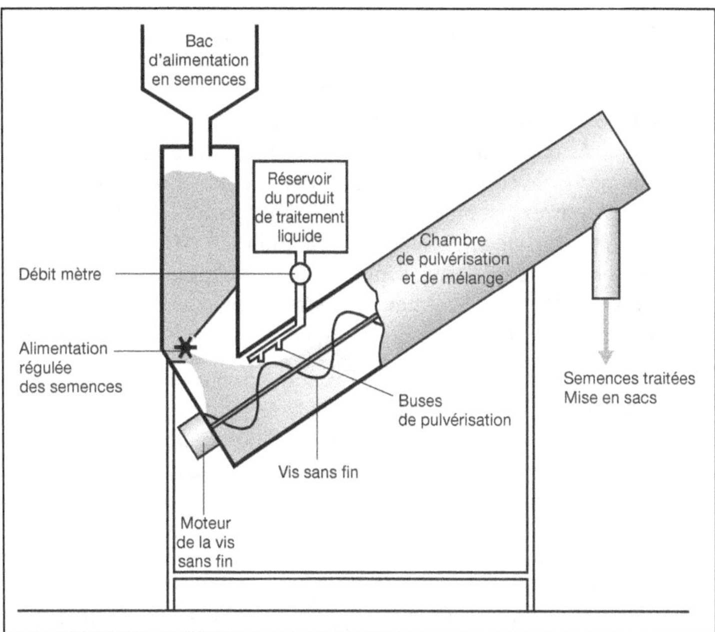

Figure 23. Appareil simple équipé d'une vis sans fin pour le traitement en continu des semences avec un produit liquide.

Ces traitements chimiques ont plusieurs implications importantes au niveau de la gestion de la chaîne de triage-conditionnement des semences ainsi que sur leur commercialisation, comme par exemple :
– l'accès possible à un traitement de semences efficace contre un parasite ou un pathogène particulier peut, compte tenu du bénéfice

attendu, être un argument de vente en faveur des semences issues du secteur formel ;

– idéalement, un traitement de semences ne devrait jamais être systématique mais au contraire répondre à des problèmes spécifiques bien identifiés ;

– la nécessité d'emballer et de conditionner les semences dès la fin du traitement, de façon à ce que les manipulations ultérieures de ces semences traitées ne dispersent pas des produits chimiques au niveau des équipements utilisés et dans l'atmosphère ;

– étant donné que les traitements impliquent un risque pour la santé, l'obligation de parfaitement protéger les opérateurs et de clairement étiqueter les emballages ;

– l'application de produits de traitement fait que les graines traitées ne peuvent pas être utilisées autrement qu'en semences ; c'est pourquoi, en règle générale, le traitement n'est appliqué que sur la fraction du stock de semences dont la vente est considérée comme certaine, et entrepris avec d'autant plus de prudence que l'on se rapproche de la fin de la saison de commercialisation. Par ailleurs, il n'est pas recommandé de reporter les semences traitées d'une saison sur l'autre du fait de possibles effets négatifs sur la germination ;

– certains traitements actuels sont très onéreux et peuvent significativement impacter le prix des semences ; compte tenu de cela, on peut envisager de proposer et de facturer séparément les traitements proposés.

Dans certains cas, les semences sont vendues non traitées mais avec un sachet de produit de traitement inclus dans le sac de semences, de sorte que l'agriculteur peut lui-même appliquer le traitement juste avant le semis. Au-delà des problèmes potentiels de sécurité qu'elle pose, cette pratique conduit bien souvent à des traitements de semences peu homogènes et peut être valablement remise en question. D'autres composants peuvent être appliqués sous formes de traitements de semences à des fins particulières : par exemple des micro-éléments en cas de carence connue du sol ou encore des rhizobiums pour inoculer un sol en vue de l'implantation d'une légumineuse cultivée pour la première fois.

L'emballage-conditionnement des semences

Le conditionnement des semences dans un sac (ou toute autre forme d'emballage pour la commercialisation) constitue la dernière étape du processus de préparation. Les semences sont alors déplacées vers une aire de stockage parfaitement propre, de préférence éloignée de l'environnement poussiéreux qui règne autour des équipements de nettoyage. L'équipement d'ensachage comprend une trémie pour le stockage des semences traitées, sous laquelle est placé un système de pesage automatique de façon à ce qu'une quantité définie de graines puisse être distribuée par gravité dans chaque sac. Ces opérations d'emballage peuvent être essentiellement manuelles ou au contraire complètement mécanisées et automatisées. Le dernier acte consiste à fermer le haut du sac au moyen d'une couture qui permet également d'y fixer l'étiquette (Figure 34 au Chapitre 6).

Le choix des conditionnements et des matériaux utilisés pour la distribution des semences repose sur des considérations à la fois techniques et commerciales. Dans le passé, les semences étaient le plus souvent distribuées dans des sacs de jute, similaires à ceux utilisés pour les grains destinés à la consommation, sans pratiquement aucun signe distinctif pour attirer l'attention sur la nature de son contenu et sur l'identité de la variété. Compte tenu de leur taille, ils étaient également lourds et difficiles à manipuler pour les agriculteurs. Aujourd'hui, une approche commerciale plus élaborée conduit à utiliser des emballages de meilleure qualité et à réduire le volume des conditionnements proposés de façon à mieux répondre aux besoins de chaque agriculteur (Chapitre 7).

Aménagement et contrôle d'une station de nettoyage-triage-conditionnement de semences

L'efficacité et la rentabilité d'une station-semences reposent en tout premier lieu sur un bon aménagement. La première condition est de veiller à une implantation logique de la chaine des équipements, ceux-ci devant pouvoir répondre aux problèmes spécifiques de chacune des espèces qu'il est prévu d'y travailler. La seconde est la flexibilité, qui doit permettre que chaque équipement puisse être utilisé ou au contraire court-circuité chaque fois que nécessaire. C'est en effet du gaspillage que de faire passer sans nécessité des grains dans une machine pour la seule raison qu'elle se trouve sur le circuit et ne peut être contournée. Des capacités de stockage temporaire, sous la forme de trémies positionnées entre chaque équipement, contribuent également à cette flexibilité en autorisant la continuité du fonctionnement de la chaine de conditionnement même si l'un de ses éléments est arrêté pour une raison quelconque. La figure 24 illustre la séquence des opérations dans une station-semences type.

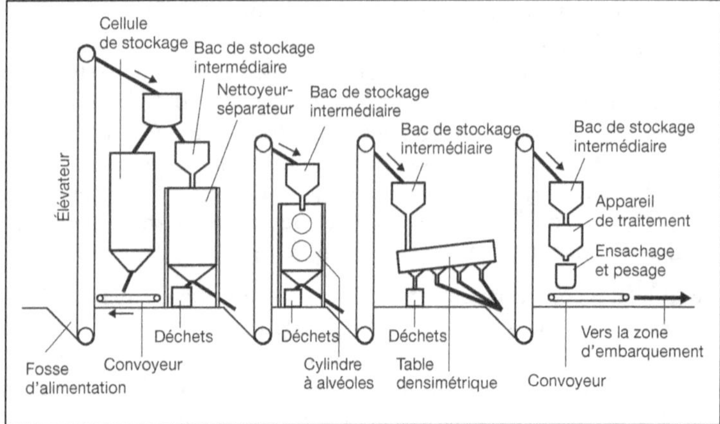

Figure 24. Séquence des opérations de triage dans une station-semences type.

Dans les usines de triage-conditionnement les plus modernes, chaque appareil est placé sur une plate-forme surélevée de façon à ce que tous les déchets et résidus soient directement collectés dans des containers placés en dessous. Les semences, elles, tombent dans une trémie d'où elles sont reprises au moyen d'un élévateur pour passer dans l'appareil suivant du circuit. Ce dispositif nécessite plusieurs élévateurs, chacun d'entre eux pouvant être à l'origine de pollutions lorsque plusieurs variétés sont traitées successivement. C'est pour cette raison que les stations doivent utiliser de préférence des élévateurs autonettoyants. Il s'agit d'élévateurs à godets standard mais équipés d'un fond articulé qui peut être ouvert afin d'éliminer les graines restantes à la fin du passage de chaque lot.

Une autre caractéristique des stations-semences modernes est l'existence d'un tableau de commande centralisé qui permet d'identifier les appareils en activité et d'afficher les éventuels disfonctionnements grâce à des capteurs disposés tout au long des circuits suivis par les semences. Pour les installations les plus sophistiquées, une seule personne suffit pour commander et surveiller l'ensemble de la chaîne d'appareils. Les seuls postes nécessitant encore une intervention manuelle sont alors l'approvisionnement de la trémie d'alimentation en tête de ligne et l'ensachage à l'autre extrémité. Les containers ou les sacs recueillant les déchets et débris sous chacun des appareils doivent aussi être vidés ou remplacés à intervalles réguliers.

Hygiène et traitement des déchets

Outre le bon pilotage de tous les appareils, le nettoyage régulier de l'ensemble des locaux de l'usine ainsi que la collecte et l'évacuation des déchets sont des points essentiels. Non seulement cela contribue à prévenir les mélanges et à améliorer la sécurité, mais favorise aussi auprès du personnel l'acquisition des bonnes pratiques, le goût du travail bien fait et l'importance attachée aux détails, qui sont des exigences permanentes. L'expérience montre qu'il est possible de se faire très rapidement une opinion dès que l'on pénètre dans une station de semences : des sacs éventrés, des grains qui jonchent le sol, des cadavres de rongeurs sont des indicateurs évidents d'un manque d'hygiène. De même, l'environnement des bâtiments doit être parfaitement net et exempt de déchets. Malheureusement, l'entretien des parties extérieures est souvent négligé et il est courant d'y voir des appareils hors d'usage, des entassements de palettes cassées, qui constituent de parfaits abris pour les rongeurs. Les responsabilités pour l'entretien des parties intérieures et extérieures des bâtiments d'usine et de stockage doivent être très clairement établies et faire partie intégrante des descriptions de poste des personnels responsables.

Une partie des déchets éliminés lors des opérations de nettoyage peuvent avoir une certaine valeur, en particulier les grains cassés, qui peuvent être utilisés en alimentation humaine ou animale. Les débris de très petite taille qui n'ont aucune valeur commerciale doivent être brûlés et surtout pas entassés à proximité de l'usine. Un autre aspect important concernant l'hygiène est l'élimination des poussières afin de maintenir des conditions de travail salubres et que les sacs de semences stockés en attente de livraison demeurent propres. Pratiquement tous les appareils de triage génèrent de grosses quantités de poussières qui doivent toujours être évacuées à l'aide d'extracteurs vers un point de collecte ou un « cyclone » situé à l'extérieur des bâtiments permettant de les récupérer et traiter. De même, il faut procéder à un nettoyage complet des bâtiments, installations et machines, au moins une fois l'an, à la fin de la principale saison de fonctionnement, mais cette tâche pénible est souvent négligée.

La maîtrise du parasitisme

Toutes les graines ou semences stockées sont menacées par divers parasites (essentiellement par des charançons et des acariens), et ce tout particulièrement dans les environnements tropicaux. Les graines de légumineuses sont extrêmement attaquées par un groupe de coléoptères, les bruches. Ces parasites peuvent se multiplier très rapidement lorsqu'ils disposent d'abondantes ressources alimentaires, ce qui est le cas dans un silo de grains ou de semences. De plus, des champignons peuvent se développer dans la masse des grains si celle-ci est trop humide. Le contrôle parasitaire efficace des grains stockés implique une bonne connaissance de la biologie et des besoins de tous les organismes susceptibles de les attaquer (Figure 12 au Chapitre 3). Le recours à des produits phytosanitaires peut s'avérer nécessaire, surtout quand il s'agit de grosses quantités conditionnées en sacs, ces derniers ne pouvant pas être contrôlés individuellement. Dans ce cas, une fumigation est la seule option possible, et elle est très efficace étant donné que le gaz est capable de pénétrer au cœur des volumes importants.

Le produit classiquement utilisé pour les fumigations est l'hydrogène phosphoré ou phosphure d'hydrogène (PH_3) qui est produit *in situ* à partir de tablettes de phosphure d'aluminium (commercialisées sous diverses marques) que l'on place à l'intérieur du tas de grains recouvert d'une bâche. Le produit chimique réagit avec la vapeur d'eau contenue dans l'atmosphère pour libérer l'hydrogène phosphoré sous forme gazeuse. Si l'on utilise des palettes, il est recommandé de placer les tablettes dans l'espace libre qu'elles ménagent ce qui a pour avantage d'améliorer la répartition du gaz. C'est un système de contrôle du parasitisme extrêmement commode et très largement utilisé ; cependant, des problèmes ont été signalés concernant l'apparition et le développement de résistances parmi les populations d'insectes soumises de manière récurrente à ces traitements, en particulier lorsque la fumigation n'est pas réalisée de manière correcte et que les insectes sont soumis à des doses sublétales. L'hydrogène phosphoré est extrêmement toxique pour l'homme[16] et toutes les précautions d'usage doivent être scrupuleusement respectées lorsqu'on l'utilise à l'intérieur d'une cellule de stockage. La masse des grains doit être totalement enveloppée, dessus et dessous, avec une bâche étanche à la vapeur, de façon à empêcher toute fuite de gaz. Des panneaux d'avertissement doivent être placés de manière évidente aux alentours durant toute la durée de l'opération de fumigation.

En plus des insectes parasites, les rats et les souris menacent en permanence les réserves de grains et les règles d'hygiène basique mentionnées ci-dessus doivent toujours être appliquées. Les rongeurs

---

[16] et les animaux ! (NdT)

sont particulièrement à craindre car, outre le fait qu'ils consomment les semences, ils percent les sacs, les semences se répandent sur le sol et sont perdues. Plusieurs moyens de lutte sont possibles contre les rongeurs : les appâts classiques, les pièges, les ultrasons et bien sûr la présence de chats ! Il est aussi possible de prévoir dans les magasins de stockage de grains des dispositifs qui empêchent l'entrée des rats, comme par exemple une surélévation du sol combinée à la réalisation tout autour des bâtiments et côté extérieur d'une saillie très marquée que ces animaux ne peuvent pas franchir. Comme cela a déjà été souligné, l'environnement immédiat doit être parfaitement entretenu de façon à ce qu'il n'y ait pas de passerelles facilitant l'entrée des rats. Dans la pratique, il faut en permanence veiller à la présence possible des rongeurs de façon à réagir très rapidement à leur présence.

Les unités mobiles pour le triage et le traitement des semences

Les processus de triage et de traitement des semences qui viennent d'être décrits dans ce chapitre supposent que ces opérations soient conduites à l'intérieur de bâtiments qui comprennent en outre des zones de stockage, des bureaux, disposent d'un branchement électrique et permettent l'accès des véhicules. Toutes ces facilités augmentent considérablement le montant des capitaux à investir pour créer une telle station-semences, dans laquelle les équipements véritablement spécifiques représentent au final moins de 50 % du total. De plus, sur un plan purement financier, des unités de petite taille qui ne traiteraient que quelques centaines de tonnes par an risquent fort de ne pas s'avérer rentables.

Une alternative à cela est de concentrer les opérations essentielles du triage-conditionnement des semences dans une unité mobile autonome ou tractable d'un lieu à l'autre (Figure 25). Le débit de ces unités est nécessairement limité du fait de leurs dimensions ; leur capacité maximale est de l'ordre d'une tonne/heure. Cependant, elles peuvent parfaitement répondre aux besoins de petites entreprises, de coopératives ou de groupes d'agriculteurs.

Une telle machine, quand elle n'est pas utilisée, peut être facilement entreposée dans un petit espace couvert et déplacée à volonté pour trier et traiter les semences à domicile. Particulièrement en milieu tropical, ce système présente un avantage considérable du fait que les opérations peuvent être conduites en plein air plutôt qu'à l'intérieur

Figure 25. Unité mobile de triage-conditionnement de semences en activité.

d'un bâtiment, généralement surchauffé et poussiéreux. Le coût d'une unité mobile de ce type, dans sa version la plus simple, peut ne pas excéder USD $ 10 000 tout en assurant un nettoyage efficace des semences et un bon niveau de normes sans avoir besoin d'investir dans des bâtiments et des structures fixes.

Le stockage à la ferme

La description de la préparation et de l'entreposage des semences qui vient d'être présentée se rapporte au secteur semencier formel, qui se caractérise par la mécanisation des différentes opérations ainsi que par le conditionnement et la distribution des semences dans des

emballages spécifiques bien étiquetés. À l'opposé, le secteur informel repose sur le traitement manuel de lots de semences de petite taille qui sont ensuite entreposés dans les habitations elles-mêmes ou dans des petits greniers fermiers. Les agriculteurs ont l'habitude de toujours séparer la petite quantité de graines destinée à la semence du lot principal de grains destinés à la consommation et de les conserver à part afin de mieux pouvoir les surveiller pendant toute la durée du stockage qui dure plusieurs mois. Étant donné le parasitisme multiforme qui règne tout autour de la ferme, il est absolument essentiel de pouvoir soustraire les semences à toutes ces menaces. Afin d'y parvenir, les agriculteurs ont mis au point tout un ensemble de méthodes traditionnelles, en particulier l'emploi de contenants scellés ainsi que des répulsifs pour les insectes tels que la fumée ou les cendres. Dans certains cas, ces dispositions sont complétées par l'utilisation de pesticides modernes (comme par exemple l'Actellic®), appliqués sous forme de poudre juste avant le stockage.

La gestion du stockage à la ferme est aussi un critère important pour la sélection des producteurs de semences sous contrat. Il est rare que l'établissement semencier puisse rapatrier immédiatement après la récolte la totalité des productions prévues au contrat et il lui est donc fort utile que certains producteurs puissent assurer un stockage à court terme. À condition toutefois que ces agriculteurs soient capables de conserver leur production dans de bonnes conditions jusqu'à ce qu'elle soit collectée et transférée à l'usine de triage-conditionnement des semences. Comme cela est noté au chapitre 7, ces arrangements procurent à l'entreprise une flexibilité appréciable et doivent trouver leur contrepartie dans les termes du contrat.

6. Qualité des semences

La qualité d'une semence s'apprécie selon un grand nombre de composantes dont certaines ne peuvent relever d'une simple observation. Pour cette raison, l'analyse rigoureuse au laboratoire de la qualité des semences s'est imposée comme une étape essentielle au développement de leur commerce, en apportant des informations et des garanties aux agriculteurs qui les achètent. Dès que les méthodes d'évaluation de la qualité des semences eurent été élaborées (vers la fin du XIXe siècle), les gouvernements ont commencé à adopter des lois et règlements pour imposer des normes minimales de qualité aux semences commercialisées. Ces dispositions furent en fait les premiers exemples des lois pour la protection des consommateurs qui se sont aujourd'hui généralisées.

Les *Règles internationales pour l'analyse des semences* publiées par l'International Seed Testing Association (ISTA) décrit les procédures standard pour l'analyse des semences de toutes les principales espèces cultivées et la plupart des laboratoires semences du monde entier adhère à ces pratiques. Ces méthodes ont été mises au point au travers de longs processus de recherche et de validation conduits par les membres des différents comités techniques de l'ISTA et prennent en compte régulièrement de nouvelles espèces. Une idée fausse parfois répandue est que l'ISTA établit les normes de qualité des semences ; en fait, les règles qu'elle émet ont pour seul objectif de décrire et définir les procédures et les conditions dans lesquelles les analyses de semences doivent être réalisées afin de parvenir à une bonne homogénéité et reproductibilité des résultats obtenus.

Pour obtenir des résultats valides, le laboratoire d'analyse doit en tout premier lieu être certain qu'il a affaire à un échantillon véritablement représentatif de l'ensemble du lot de semences. Compte tenu du fait qu'un lot courant de semences de céréales peut être constitué de milliards de graines réparties dans des centaines de sacs, ce n'est pas un problème dont la solution est évidente. L'échantillonnage doit donc être réalisé selon des modalités très précises, et il doit en être de même pour toutes les opérations que cet échantillon aura à subir au laboratoire. Les règles ISTA ont précisément pour objet de décrire l'ensemble de ces procédures.

Cependant, si l'analyse au laboratoire marque l'origine de l'évaluation de la qualité des semences et en constitue aujourd'hui encore le socle, le processus très largement répandu de la certification des semences s'est ensuite progressivement élaboré pour former aujourd'hui un ensemble plus complet de règles d'assurance qualité, intégrant en particulier des contrôles au champ destinés à garantir que l'identité et la pureté des variétés sont bien maintenues au fil des générations de multiplication comme on le verra dans ce chapitre.

Les composantes de la qualité d'une semence

La pureté pondérale

Il s'agit du poids des impuretés contenues dans le lot de semences telles que des débris divers, de la terre, des graines étrangères. Elle est exprimée en % du poids des semences pures contenues dans l'échantillon. L'échantillon destiné à déterminer la pureté pondérale doit être relativement important ; dans le cas général des céréales et des légumineuses à grosses graines, il doit être compris entre 500 et 1 000 grammes. L'échantillon est séparé en trois parties : les semences pures, les autres graines et les inertes. Ces parties sont pesées sur une balance précise au 1/100 (voire 1/1000) de gramme, ce qui permet de calculer le pourcentage de semences pures. Par convention, les grains cassés rentrent dans la catégorie «semences pures» si au moins la moitié du grain est présente, alors que les éléments plus petits sont considérés comme des impuretés. Il est souvent plus difficile d'analyser la pureté des semences de plantes fourragères car leurs graines restent souvent adhérentes à des débris de pièces florales qui rendent leur identification délicate. La partie «autres graines» inclut toutes les espèces cultivées ainsi que les adventices. Elle doit être exprimée en pourcentage mais certaines réglementations exigent en plus que les espèces présentes soient identifiées individuellement. La figure 26 présente une analyse de semences en cours.

La pureté spécifique

Elle se rapporte aux pollutions dues aux espèces proches et l'analyse au laboratoire exige, là aussi, un échantillon relativement important. Pour certaines espèces à grosses graines facilement identifiables,

comme le maïs ou le haricot, la tâche est aisée. Pour d'autres, comme les brassicas par exemple, les différentes espèces ont des graines d'apparence très similaire avec très peu de signes distinctifs sur leurs téguments. Il est alors nécessaire de procéder à un examen très attentif pour déterminer la pureté spécifique sur la seule base de l'observation visuelle.

Figure 26. Réalisation d'un test de pureté à l'Institut de Contrôle et de Certification des Semences, Zambie.

▶ La présence de graines d'adventices

Les graines de plantes adventices sont classées comme impuretés et donc incluses dans la catégorie « autres graines » dans l'analyse de pureté pondérale qui vient d'être décrite. Cependant, leur présence peut signifier un problème qui va bien au-delà de leur poids en tant qu'impuretés quand il s'agit d'espèces particulièrement préoccupantes. En général dans chaque pays, figure dans les règlements relatifs aux semences, une liste des adventices nuisibles dont le nombre de graines présentes dans l'échantillon doit être systématiquement notifié dans les résultats. Étant donné les risques que certaines de ces espèces représentent, il est nécessaire que l'analyse porte sur un échantillon relativement important permettant de réellement compter ces graines, ce qui requiert beaucoup de soins et d'attention de la part du technicien qui en a la charge.

⬗ Le taux de germination

Il s'agit du pourcentage de semences capables de donner naissance à une plantule normale dans des conditions optimales. Il s'agit donc d'une valeur potentielle, qui n'est pas nécessairement atteinte dans les conditions naturelles du champ. Pour chaque espèce, ces conditions optimales ont été déterminées sur la base de travaux de recherche et d'une longue expérience pratique, et sont désormais définies dans les règles ISTA. Elles précisent le régime des températures, le cycle quotidien jour/nuit, le substrat de germination et la durée du test. Il est bien sûr indispensable de définir aussi précisément que possible ce qu'est une plantule normale afin d'aboutir à une évaluation standard. Les semences et plantules qui ne répondent pas à ces critères sont comptées comme «anormales» dans les résultats de l'analyse. Chaque test de germination doit être lu deux fois, par exemple à 7 et 14 jours. À la fin du test, toutes les graines non germées sont classées «mortes» ou dans certains cas «graines dures» ou «graines fraîches» s'il y a des raisons de penser qu'elles sont saines et encore capables de germer.

En plus des conditions environnementales (t°, alternance jour/nuit...) il est important de bien préciser le substrat qui doit être utilisé pour la réalisation des tests de germination car cela peut affecter tout à la fois le développement et l'évaluation des jeunes plantules. Dans le passé, on utilisait des substrats naturels tels que de la terre stérilisée, du sable ou de la tourbe mais qu'il était très difficile de standardiser du fait de l'extrême variabilité de leurs caractéristiques physiques. En raison de cela, et pour échapper à la nécessité d'une stérilisation, on s'est progressivement résolu à adopter le papier comme support artificiel pour la réalisation des tests de germination. Les deux principales méthodes ont recours à des serviettes en papier enroulées pour les graines les plus volumineuses (Figure 27) ou à des disques de papier filtre pour celles de petite taille comme les fourragères et les plantes potagères. L'emploi de papier facilite grandement la lecture du test par le technicien qui a sous les yeux et peut examiner l'intégralité de la plantule. Les rouleaux de papier offrent en outre l'avantage de pouvoir être rangés verticalement dans les étuves à germination ce qui permet de gagner de la place.

Pour la plupart des espèces, les règles ISTA imposent au minimum 4 répétitions de 100 graines pour un test de germination. Une fois préparés et étiquetés, ces échantillons sont placés dans une étuve ou une chambre climatisée avec les conditions requises de températures

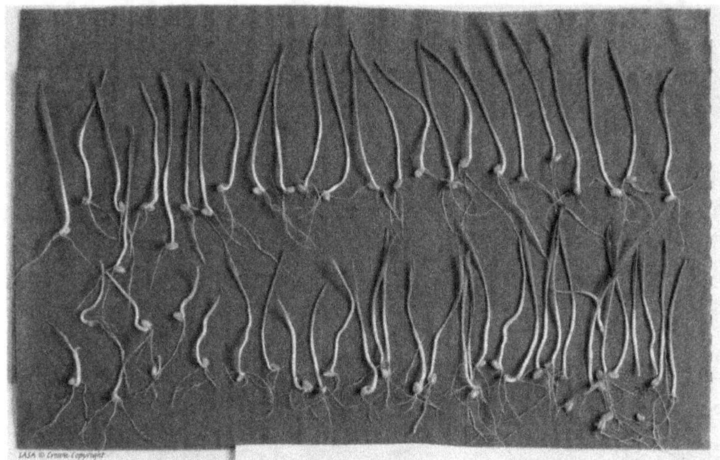

Figure 27. Test de germination sur serviette en papier enroulée.

et d'éclairement, le plus souvent avec un cycle quotidien jour/nuit. Les laboratoires de semences travaillent fréquemment sur un nombre réduit d'espèces, mais à grande échelle, ce qui permet de mettre au point et conduire en routine pour ces espèces des programmes standard. En revanche, si un laboratoire traite un grand nombre d'espèces différentes, par exemple en s'intéressant à toute une gamme de semences potagères, la gestion des équipements et des opérations sera un peu plus compliquée.

Comme mentionné au chapitre 3, certaines semences manifestent de la dormance qui peut, selon le cas, disparaître après un laps de temps relativement bref après la récolte ou au contraire s'avérer persistante une fois établie. Plusieurs traitements destinés à lever cette dormance sont décrits dans les règles ISTA : ils peuvent faire appel à des passages au froid ou à la chaleur ainsi qu'au trempage dans une solution à base de divers produits comme l'acide gibbérellique ou le nitrate de potassium.

Il faut en général une semaine, voire un peu plus, pour conduire à bonne fin un test de germination standard. Mais si c'est nécessaire, des résultats plus rapides peuvent être obtenus en faisant appel au test au tétrazolium. Quand des semences sont traitées, dans des conditions bien précises, avec du chlorure de tétrazolium, les parties vivantes de la graine se colorent en rouge sombre alors que les tissus morts conservent leur couleur normale (Figure 28). Par une observation précise des graines, et en particulier de leur embryon, il est possible d'identifier celles qui sont encore capables de germer. Le test au tétrazolium peut être réalisé en 24 heures, voire moins en le pratiquant dans des conditions adaptées.

Interpréter les résultats d'un test au tétrazolium demande une expérience certaine, en particulier pour ce qui concerne la coloration interne de l'embryon : par exemple, une petite zone de cellules mortes proche du germe peut être beaucoup plus significative qu'une zone plus étendue sur un cotylédon. Le test au tétrazolium peut aussi servir

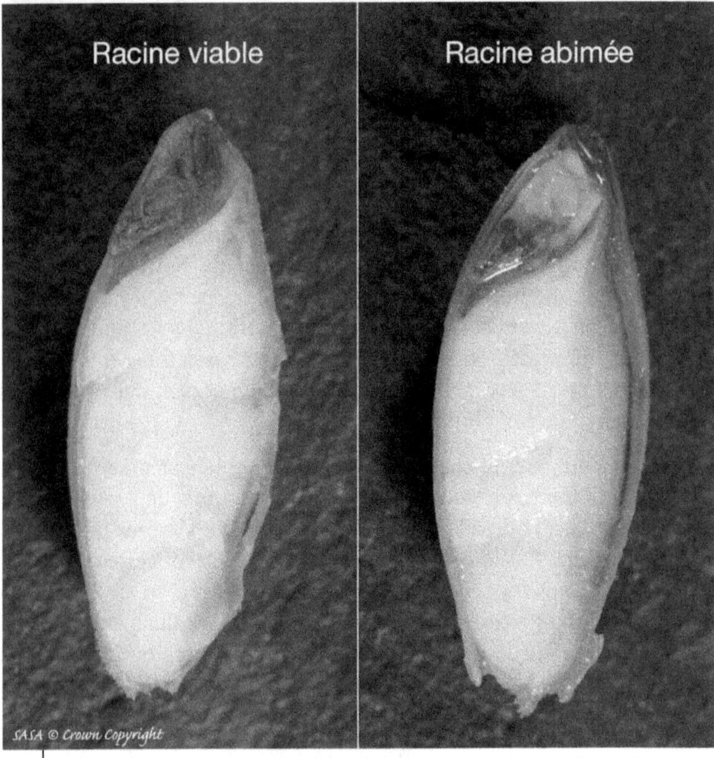

Figure 28. Semences traitées au tétrazolium avec un grain sain (à gauche) montrant un embryon intégralement coloré et un grain endommagé (à droite) dont les tissus radiculaires sont non colorés.
On notera l'importance de l'endosperme chez les céréales qui, du fait qu'il n'est pas un tissu vivant, ne prend pas la coloration.

à déterminer si des graines dures subsistant à la fin d'un test de germination sont encore viables. En règle générale, on effectue toujours un test de germination classique pour confirmer le test au tétrazolium ce qui permet de comparer le résultat réel au résultat prédit.

La teneur en eau

Il s'agit de la quantité d'eau libre contenue dans le grain, mesurée par le séchage dans une étuve d'un petit échantillon, soit de façon accélérée (c'est-à-dire 140 °C pendant 1 heure) soit plus lentement (103 °C pendant 17 heures). Cette teneur en eau est une caractéristique très variable car elle peut augmenter ou diminuer tout au long de la durée de vie du lot de semences en fonction du degré hygrométrique de l'air ambiant. C'est pourquoi l'échantillon prélevé pour l'analyse doit être aussitôt enfermé et conservé dans un emballage hermétique et soumis au test dans les plus brefs délais. Cependant, en pratique, on a souvent besoin de réaliser une mesure instantanée de la teneur en eau des grains, par exemple pour un lot qui vient d'être récolté ou au moment de la livraison des semences à l'unité de triage-conditionnement. Il existe pour cela des humidimètres portatifs qui, en mesurant la conductivité électrique (ou une autre caractéristique) d'un échantillon de grains, permettent d'afficher leur teneur en eau grâce à un système d'étalonnage adapté à chacune des principales espèces cultivées. Ces appareils sont extrêmement pratiques à utiliser, sous réserve qu'ils soient régulièrement vérifiés en comparant leurs résultats à ceux obtenus à l'étuve, et recalibrés chaque fois que nécessaire.

L'humidité du grain (H) est exprimée en pourcentage du poids frais de l'échantillon et se calcule comme suit :

H = [(poids de l'échantillon avant séchage) - (poids de l'échantillon après séchage)] x 100 / (poids de l'échantillon avant séchage)

Comme cela a été dit au chapitre 3, l'humidité du grain est une caractéristique qui joue un rôle essentiel pour la détermination de la durée possible de stockage d'un lot de semences, quel qu'en soit le terme, court ou long; il est donc indispensable de bien suivre son évolution à partir de la récolte et pendant le stockage, et cela tout particulièrement en milieu tropical humide.

▶ Pureté variétale

Quand un échantillon de semences est reçu pour analyse, il doit être accompagné par une information minimale, à savoir l'identification du champ d'où il provient ainsi que les références du lot de semences mères dont il est issu. Ces données sont indispensables au suivi des générations sur lequel repose le système de certification et la traçabilité des lots de semences. Il est rarement possible d'identifier avec certitude une variété par la simple observation visuelle d'un échantillon de graines, ce qui implique que l'identité et la pureté de la variété doivent être confirmées par une inspection en végétation des champs de production de semences. Cependant, dans quelques pays, ce type d'analyse est réalisé au laboratoire et peut suffire pour déterminer le taux global d'impuretés dû à la présence d'autres variétés, même si celles-ci ne peuvent pas être identifiées individuellement. L'utilisation de parcelles de contrôle au champ *a posteriori* fait partie intégrante du système de certification et demeure la meilleure méthode pour évaluer la pureté variétale ; cependant, cela prend du temps et peut rarement être réalisé avant que le lot de semences soit conditionné pour la commercialisation.

Il existe des techniques de laboratoire très fiables permettant de tester la pureté variétale d'un lot de semences, comme par exemple l'électrophorèse qui permet de visualiser la composition en protéines des graines, celle-ci étant spécifique à chaque variété (Figure 29). Cependant, il s'agit de méthodes qui demeurent encore relativement longues et coûteuses, qui ne sont utilisées en routine que pour les lots de semences de grande taille, pour confirmer par exemple le degré de pureté des hybrides ou des lignées consanguines, ou encore quand un lot particulier est susceptible d'avoir été pollué par une autre variété.

▶ La vigueur

La vigueur est l'aspect le plus complexe de la qualité d'une semence car elle dépend des interactions entre les caractéristiques physiologiques de la graine et l'environnement dans lequel celle-ci se développe. De ce fait, la vigueur est difficile à quantifier et à normaliser. Principalement, l'évaluation de la vigueur vise à faire le lien entre le test de germination standard, toujours réalisé dans des conditions optimales, et le comportement qu'aura le lot de semences dans les conditions réelles au champ. Ainsi, des lots de semences ayant des taux de germination satisfaisants au laboratoire peuvent être classés comme ayant une vigueur élevée,

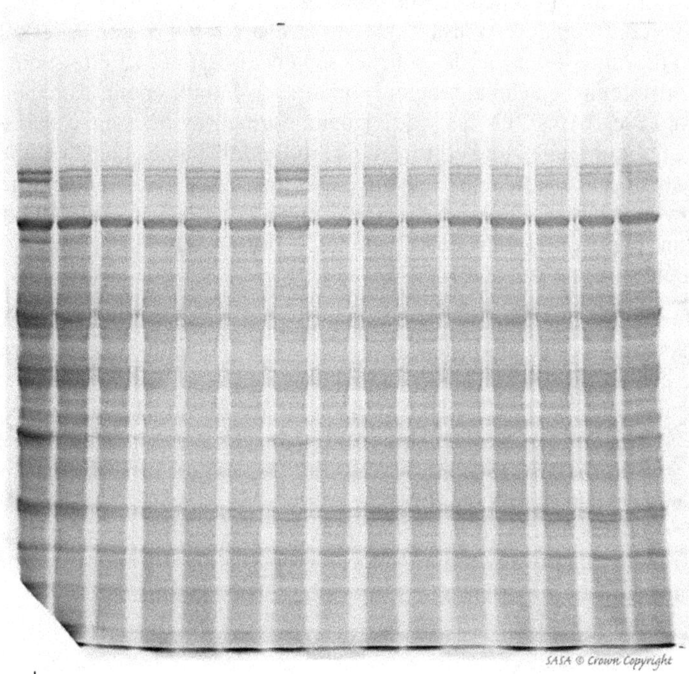

Figure 29. Gel d'électrophorèse révélant des bandes protéiques différentes pour les individus 1 et 7 du fait d'une contamination variétale.

moyenne ou faible en fonction de leur comportement attendu dans les conditions suboptimales du champ.

L'évaluation de la vigueur permet également d'estimer la durée potentielle de conservation d'un lot de semences. Globalement, les tests de vigueur visent donc à évaluer la robustesse physiologique des lots de semences. Cependant, il est important de souligner qu'un test de vigueur ne peut en aucun cas remplacer un test de germination ; il fournit seulement des informations complémentaires qui permettent de mieux gérer les stocks. Ainsi, un lot présentant une faible vigueur ne sera pas systématiquement rejeté ; par contre, on le réservera pour les situations, régions et dates de semis, présentant les conditions les plus favorables.

Cette mesure de la vigueur des semences est un secteur de recherche très actif qui a conduit à la mise au point d'un grand nombre de tests différents. La plupart sont basés sur l'application contrôlée de facteurs de stress avant ou pendant la germination visant à simuler des situations contraignantes pouvant survenir au champ : par exemple, des sols froids, humides et lourds (pour les semences destinées à être semées au printemps en climat tempéré) ou des sols inondés pour les régions tropicales. Ainsi, les tests de vigueur normalisés peuvent consister à appliquer une température de germination basse, une humidité excessive ou encore une exposition de courte durée à une température élevée combinée à une forte teneur en eau, cette dernière méthode étant baptisée «vieillissement accéléré» ou sous une forme modifiée «détérioration contrôlée».

Une autre approche consiste à quantifier la libération par la graine de substances solubles, telles que les sucres, au moyen de mesures de conductimétrie. Les graines sont plongées dans l'eau pendant une période déterminée à l'issue de laquelle on mesure la conductivité de la solution (ou lixiviat) obtenue. Un résultat élevé indique un fort largage dû à des tissus morts ou endommagés. Au champ, de telles semences seront plus sensibles aux attaques de parasites et très probablement auront des germinations difficiles. Ce type de test est particulièrement adapté aux légumineuses à grosses graines (pois et haricot) étant donné l'importance de leurs tissus cotylédonaires.

État sanitaire

C'est un aspect quelque peu différent de la qualité d'une semence puisqu'il concerne l'éventuelle présence d'organismes pathogènes (champignons, bactéries ou virus) à l'intérieur ou à la surface de la graine. Ces pathogènes vont des saprophytes communs comme les moisissures (par exemple, *Botrytis* et *Aspergillus* spp.) transportés à la surface de la testa aux parasites spécifiques (comme les *Ustilago, Fusarium* ou *Colletotrichum* spp.) logés à l'intérieur de la graine. Lorsque les cultures porte-graines mûrissent au champ dans des conditions humides, les champignons saprophytes peuvent produire des spores en quantités énormes avec pour résultat une très forte contamination de la testa. Généralement ce type d'infection peut être maîtrisé par un simple traitement de semences. Par contre, les parasites spécifiques logés à l'intérieur des graines sont plus difficiles à éliminer et nécessitent de faire appel à des fongicides systémiques qui pénètrent à l'intérieur des semences. Ce sont ces pathogènes qui sont principalement recherchés par les tests sanitaires en raison du risque épidémique qu'ils représentent pour les semences commerciales.

Il n'y a pas de test global pour l'état sanitaire des semences contrairement à ce qui existe pour l'évaluation de la pureté variétale ou le taux de germination; de fait, chaque pathogène exige un test spécifique, impliquant par exemple de cultiver les graines sur un papier buvard ou un gel d'agar permettant de révéler la présence d'infections (Figure 30). Un tel test a pour objectif, soit de détecter une contamination présente à un niveau significatif, qui peut exiger un traitement phytosanitaire, soit de confirmer l'absence totale de contamination, même dans un grand échantillon. C'est le cas par exemple d'un lot destiné à l'exportation et pour lequel le pays d'importation impose une « tolérance zéro » pour le pathogène considéré.

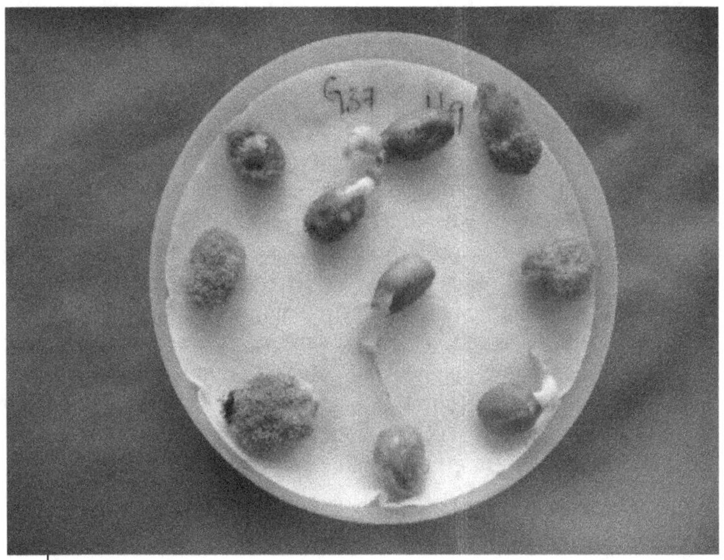

Figure 30. Test sur papier buvard avec des semences d'arachides pour détecter la présence de champignons du genre *Aspergillus*.

Le calibre

La taille des graines, caractère qui peut paraître anodin, est une caractéristique qui se révèle au contraire essentielle dans certains contextes. En règle générale, on attribue aux semences de fort calibre un embryon et des organes de réserves plus volumineux, et par voie de conséquence, un meilleur comportement au champ. Et de fait, l'un des objectifs du triage mécanique est bien d'éliminer les graines les plus légères ou de plus petite taille, qui peuvent présenter une vigueur ou un taux de germination plus faible. Mais le calibre devient surtout un critère important lorsque le semis est effectué mécaniquement ou dans des conditions qui exigent une levée très régulière. Pour cette raison, les lots de semences peuvent être calibrés et fractionnés en un certain nombre de sous-lots présentant une taille de grain extrêmement homogène. Le paramètre standard rendant compte de cette taille des grains est le poids de 1000 grains (PMG). Il est déterminé avec une très grande précision par la pesée de huit échantillons de 100 graines : la moyenne obtenue est multipliée de façon à correspondre au standard de 1000 grains.

Les méthodes d'échantillonnage

Comme cela a été dit au début de ce chapitre, l'emploi de méthodes d'échantillonnage rigoureuses est impératif car l'échantillon prélevé aux fins de tests ou d'analyses doit être aussi représentatif que possible de l'ensemble du lot de semences. Les variations à l'intérieur d'un lot de semences peuvent être dues aussi bien à des irrégularités au niveau du champ de porte-graines qu'aux manipulations de post-récolte auxquelles a été soumis le lot de semences. Par exemple, le simple stockage intermédiaire dans un container peut conduire à une certaine stratification en fonction des calibres, et des sacs appartenant à la même pile de stockage peuvent avoir été soumis à des conditions environnementales différentes. Afin de prendre en compte ces éventualités, des procédures d'échantillonnage très précises, décrites dans les règles ISTA, doivent être respectées.

L'échantillonnage de semences stockées dans des sacs se fait classiquement au moyen d'une sonde qui perce le sac et que l'on enfonce et déplace à l'intérieur de façon à extraire une petite quantité de grains représentative de son contenu (Figure 31). Ces sondes ont diverses formes mais fonctionnent toutes sur le même principe, leur diamètre étant bien sûr fonction de la taille des grains à échantillonner. Il est clair qu'il n'est pas possible d'échantillonner chacun des sacs d'une grande pile, ni d'obtenir un échantillon représentatif à partir des quelques sacs les plus accessibles de cette pile. C'est pourquoi l'intensité de l'échantillonnage, c'est-à-dire le nombre de sacs qui doivent être prélevés, est également défini par les règles ISTA (Tableau 5), et que les échantillons primaires ou initiaux doivent être prélevés en suivant une démarche systématique sur l'ensemble du lot de semences.

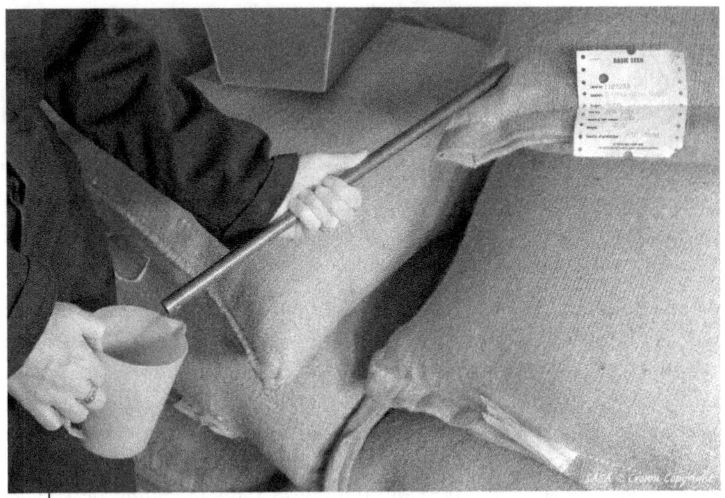

Figure 31. Prélèvement d'un échantillon dans un lot de semences à l'aide d'une sonde.

Après le prélèvement, les sacs doivent être rebouchés afin d'éviter une éventuelle fuite au travers du trou fait dans leurs parois par la sonde. Avec les sacs en matériau tissé (naturel ou synthétique) il est généralement possible de refermer cette ouverture en grattant la surface; par contre, pour les sacs en papier, il faut recourir à des étiquettes autocollantes.

Tableau 5. Intensité d'échantillonnage minimale pour des lots de semences conditionnés en unités de 15-100 kg.

Nombre d'unités de conditionnement dans le lot	Nombre d'échantillons primaires
1 – 4	3 pour chaque unité de conditionnement
5 – 8	2 pour chaque unité de conditionnement
9 – 15	1 par unité de conditionnement
16 – 30	15 prélevés au hasard dans l'ensemble du lot
31 – 59	20 prélevés au hasard dans l'ensemble du lot
> 60	30 prélevés au hasard dans l'ensemble du lot

Source : ISTA- Règles internationales pour les essais de semences

L'étape suivante consiste à bien mélanger les échantillons primaires ainsi recueillis de façon à constituer un échantillon global dans lequel on prélèvera l'échantillon soumis à l'analyse d'un poids réglementaire (de l'ordre de 2 kg pour les céréales telles que le riz, le sorgho ou le maïs). Cet échantillon doit ensuite être transmis au laboratoire aussi rapidement que possible. Si une analyse de la teneur en eau est prévue et qu'elle ne peut pas être réalisée dans la foulée, une fraction de l'échantillon destinée à cette analyse doit être conservée dans une enveloppe ou un sac plastique scellé.

Si une sonde adéquate n'est pas disponible, ou si le lot de semences est très petit, il peut être nécessaire de pratiquer un échantillonnage manuel en prélevant quelques petites poignées de grains dans chacun des sacs ou à différents endroits de la pile de sacs. Dans cette situation, il est important d'être aussi représentatif que possible de l'ensemble du lot et de mélanger soigneusement l'échantillon global ainsi obtenu. Dans d'autres cas, il est possible d'intégrer dans la chaîne de triage-conditionnement un échantillonneur automatique, en général en bout de ligne juste avant le poste d'ensachage.

L'échantillonnage et l'analyse d'un lot de semences peuvent intervenir à différents niveaux de la filière semences et avec des objectifs variés. Par exemple, au moment de la livraison du lot de semences par l'agriculteur-multiplicateur sous contrat à l'établissement semencier ; à la fin du processus de triage-conditionnement afin d'établir les caractéristiques de la qualité du lot qui sont exigées pour la certification et la vente ; ou encore au cours du stockage pour suivre l'évolution des propriétés du lot (Tableau 6 qui présente ces différentes situations).

Étant donné que le concept de lot est à la base du processus d'échantillonnage des semences, quelle est la taille maximale autorisée pour un lot de semences ? La réponse est fonction de l'espèce et de la surface du champ porte-graines. Pour les principales céréales, la plupart des schémas de certification ont fixé le maximum à 20 tonnes, soit 400 sacs de 50 kg. Cependant, il y a des pressions de la part des opérateurs commerciaux pour augmenter cette limite, ce qui fait que des lots de 30 ou 40 tonnes peuvent être autorisés pour les espèces à grosses graines comme le maïs ou le haricot. Inversement, pour les espèces à plus petites graines, la taille maximale d'un lot est de 10 tonnes voire moins.

Les semences potagères sont souvent vendues dans de petits paquets scellés, ce qui pose problème puisque, une fois ouvert, le paquet ne peut être refermé et scellé, ce qui réduit considérablement sa valeur.

Tableau 6. Chronologie et objectifs de l'échantillonnage des lots de semences.

	Stade, lieu	Analyses	Objectifs principaux	Remarques
1	Immédiatement après la récolte	Teneur en eau	Déterminer si un séchage est nécessaire	Réalisé uniquement si l'on soupçonne une teneur en eau élevée
2	Dans les cellules de stockage de l'agriculteur-multiplicateur	Pureté, Germination	Acceptation ou refus du lot	Échantillon prélevé par l'établissement semencier
3	À l'arrivée à l'unité de triage-conditionnement des semences	Pureté, teneur en eau, dégâts parasitaires	Calcul du prix à payer à l'agriculteur-multiplicateur ; identification d'éventuels problèmes particuliers pour le nettoyage-triage	Permet de décider si un séchage complémentaire et/ou une fumigation sont nécessaires
4	Durant les opérations de triage-conditionnement	Pureté (sous tous ses aspects)	Suivi de l'efficacité des opérations de triage-conditionnement	Réalisés seulement si problèmes spécifiques au lot
5	À la fin des opérations de triage-conditionnement - À la mise en vente (échantillon de référence officiel)	Pureté, germination et autres critères exigés par la certification	Certification du lot de semences et prélèvement de l'échantillon de référence pour les tests *a posteriori*	Prélevé par un agent officiel ou assermenté ; un double de l'échantillon est conservé par l'établissement semencier
6	Durant le stockage	Teneur en eau, germination, dégâts parasitaires	Suivi des évolutions pouvant affecter la commercialisation du lot ; mise à jour des caractéristiques du lot ; élimination des lots de mauvaise qualité	La fréquence des analyses de suivi est fonction des conditions spécifiques du stockage
7	Dans les entrepôts et chez les distributeurs préalablement à la vente (échantillon de contrôle au niveau de la vente)	Pureté et germination	Suivi de la qualité des semences offertes à la vente	Prélèvement au hasard d'échantillons par des agents officiels afin de faire respecter les normes en vigueur

Pour ces produits, l'échantillonnage doit donc être effectué juste avant l'ensachage et les sachets conçus de telle sorte qu'ils assurent une bonne conservation durant le stockage. Par ailleurs, le prix souvent très élevé de certaines semences hybrides de légumes rend totalement irréaliste le prélèvement d'échantillons de grande taille à des fins d'analyse.

La gestion des analyses de semences

Les essais ou analyses permettant d'évaluer les différentes composantes de la qualité d'une semence sont réalisés dans des laboratoires de semences spécialisés. L'analyse des semences s'est imposée comme une discipline à part entière dès le début du XXe siècle avec, dans de nombreux pays, la mise en place de laboratoires d'analyses et l'adoption de lois destinées à garantir des normes minimales de pureté et de germination dans le commerce des semences des principales espèces cultivées. Ainsi, l'analyse des semences est devenue une obligation légale pour les semenciers ; elle peut être réalisée soit dans les locaux de l'entreprise elle-même, soit en envoyant les échantillons à un laboratoire officiel.

L'importance des procédures standard décrites ci-dessous est illustrée par les aménagements et les modes opératoires des laboratoires qui sont pratiquement identiques partout dans le monde. Les échantillons circulent dans le laboratoire selon un circuit préétabli qui part du poste de réception (où ils sont enregistrés et identifiés par un code) et se termine avec le rapport d'analyse final et le stockage d'un échantillon qui doit être conservé pendant une durée minimale d'un an. Tous les échantillons doivent être examinés en aveugle avec pour seul identification le numéro de code de façon à ce que le technicien soit dans l'ignorance de l'origine ou du propriétaire du lot de semences. Les résultats ne peuvent être reliés avec le nom du propriétaire ou de la société qui l'a fait parvenir qu'une fois l'ensemble des analyses complètement terminé. En général, un système informatique permet de suivre l'échantillon, d'enregistrer les résultats au fur et à mesure de leur obtention et de préparer le rapport d'analyse. La figure 32 présente la séquence de ces opérations.

Les analyses de pureté et les tests de germination constituent l'essentiel des activités d'un laboratoire semences et sont conduits en routine. La formation à un haut niveau d'expertise des techniciens chargés de ces analyses est d'une extrême importance afin de garantir que tout est fait correctement et de façon cohérente, et cela d'autant plus que ce

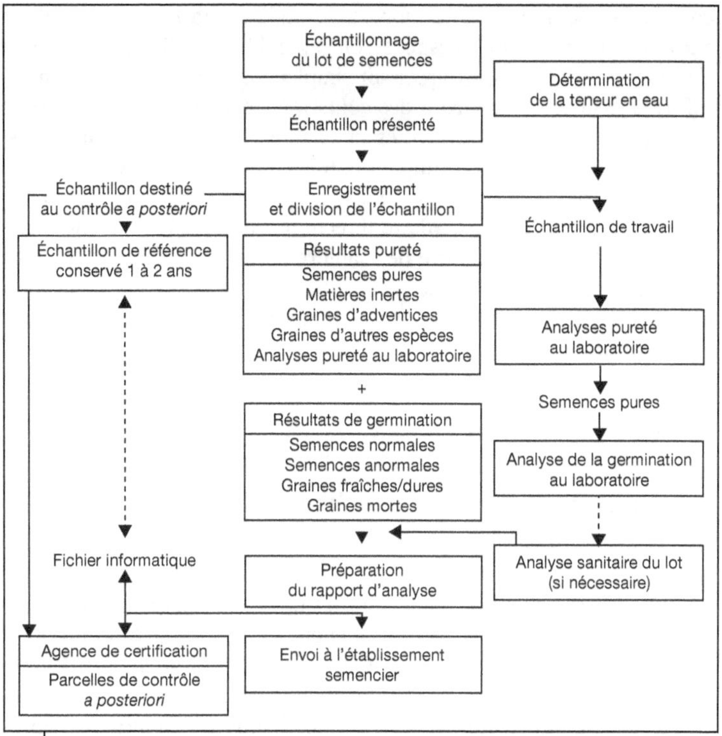

Figure 32. Analyse d'un échantillon dans un laboratoire d'essais de semences.

travail est souvent répétitif et réalisé dans un relatif isolement. Il est également important que ces techniciens aient une bonne expérience de toutes les activités qu'implique l'analyse des semences, y compris l'échantillonnage, et que dans certains cas ils puissent aussi intervenir au champ, par exemple pour suivre des parcelles de contrôle *a posteriori* qui se trouveraient à proximité. Les analyses portant sur la qualité sanitaire ou sur la vigueur des semences sont tout à la fois plus intéressantes et plus difficiles à conduire, mais elles ne représentent généralement qu'une partie relativement faible de l'activité globale d'analyse.

Dans le passé, les projets semenciers financés par des bailleurs de fonds prévoyaient le plus souvent la mise en place de laboratoires nationaux d'analyse des semences, équipés avec du matériel dernier cri ; l'expérience a montré que ce dernier était le plus souvent sous-utilisé ou mal entretenu. En fait, il n'est pas nécessaire de faire de gros investissements car la plupart de ces laboratoires ne travaillent que sur un petit nombre d'espèces, en général les principales céréales et légumineuses. Un laboratoire assez simplement équipé peut largement suffire à assurer ce service à des coûts modestes pourvu qu'il dispose de paillasses de travail correctes et des quelques équipements indispensables : une étuve à germination, une balance, une étuve à matière sèche, des lampes et des loupes. Dans les pays tropicaux, les conditions ambiantes (à l'abri de la lumière directe du soleil) sont souvent tout à fait adéquates pour conduire de manière correcte les analyses et tests courants. En fait, une bonne gestion du laboratoire grâce à une personne méticuleuse est au moins aussi importante que les équipements dont il dispose.

La certification des semences

▶ Conditions requises et activités conduisant à la certification

L'identité et la pureté variétale sont les deux aspects de la qualité des semences qui ne peuvent pas être facilement évalués au laboratoire et donner un résultat parfaitement fiable. Le système de la certification des semences a été élaboré pour justement répondre à cette nécessité en s'appuyant sur le suivi historique de chaque lot, génération après génération. Les principales conditions requises et activités conduisant à la certification sont les suivantes :
– la variété doit être connue, décrite et (le plus souvent) inscrite sur un Catalogue officiel ;
– chaque lot doit être identifié par son origine et un code de référence ;
– le champ dont il est issu est identifié et son histoire culturale connue ;
– la culture porte-graines a été contrôlée en végétation et a fait l'objet d'un rapport ;
– un échantillon représentatif du lot de semences a été prélevé ;
– l'échantillon a été analysé dans un laboratoire de semences spécialisé et un rapport d'analyse a été établi ;
– si les rapports de contrôle au champ et d'analyse au laboratoire sont satisfaisants, le lot de semences est certifié et un numéro de certification lui est attribué ;
– les containers sont scellés et identifiés en attendant la mise en vente ; pour la distribution, chaque conditionnement est identifié par

une étiquette comportant le numéro de lot et le numéro de certificat pour assurer la traçabilité du lot.

Toutes ces opérations doivent être enregistrées, ce qui fait de la certification des semences une procédure à la fois technique et administrative. Les codes de référence identifiant les cultures porte-graines ainsi que les lots de semences sont standardisés de façon à fournir par eux-mêmes l'essentiel des informations et à assurer la traçabilité d'une génération à l'autre qui constitue la base de la certification.

La culture des parcelles de contrôle *a posteriori* constitue l'étape suivante du processus de certification. Elle consiste à cultiver la saison suivante un petit échantillon de semences issu de chacun des lots certifiés l'année précédente afin de pouvoir vérifier la pureté variétale par l'observation des plantes en végétation. Les parcelles de contrôle *a posteriori* permettent de confirmer qu'aucune contamination par d'autres variétés n'est intervenue durant tout le processus de production, triage et conditionnement du lot de semences ou après le dernier contrôle qualité. Si ces parcelles de contrôle *a posteriori* n'empêchent pas qu'un lot défectueux soit quand même mis sur le marché, elles renforcent très réellement la crédibilité du schéma de certification en permettant de révéler toute erreur ou négligence de la part des agriculteurs-multiplicateurs de semences ou des établissements semenciers. Elles constituent aussi un outil extrêmement précieux pour résoudre un éventuel différend entre un vendeur et un acheteur ou pour former les futurs inspecteurs des cultures sur pied. Cependant, tous les schémas de certification mis en place ne disposent pas des surfaces et des capacités expérimentales nécessaires. Lorsque ces contraintes s'imposent, la priorité absolue doit être mise sur le contrôle *a posteriori* de tous les lots constituants les générations amonts de la multiplication : il s'agit alors de parcelles de contrôle *a priori* des générations suivantes (Figure 33). Ces activités de post-contrôle peuvent aussi cibler plus particulièrement les lots de semences provenant de producteurs sous contrat qui débutent dans le système ou d'établissements dont les procédures internes semblent poser problème.

Dans un schéma de certification, chaque génération de multiplication porte un nom et son volume est limité : cela commence avec les semences produites par le sélectionneur et se termine avec les semences commerciales vendues aux agriculteurs puisqu'à partir de ce stade toute multiplication ultérieure se fait en dehors du schéma. Toute semence provient de la génération précédente dans un processus descendant et toute éventuelle contamination est nécessairement issue

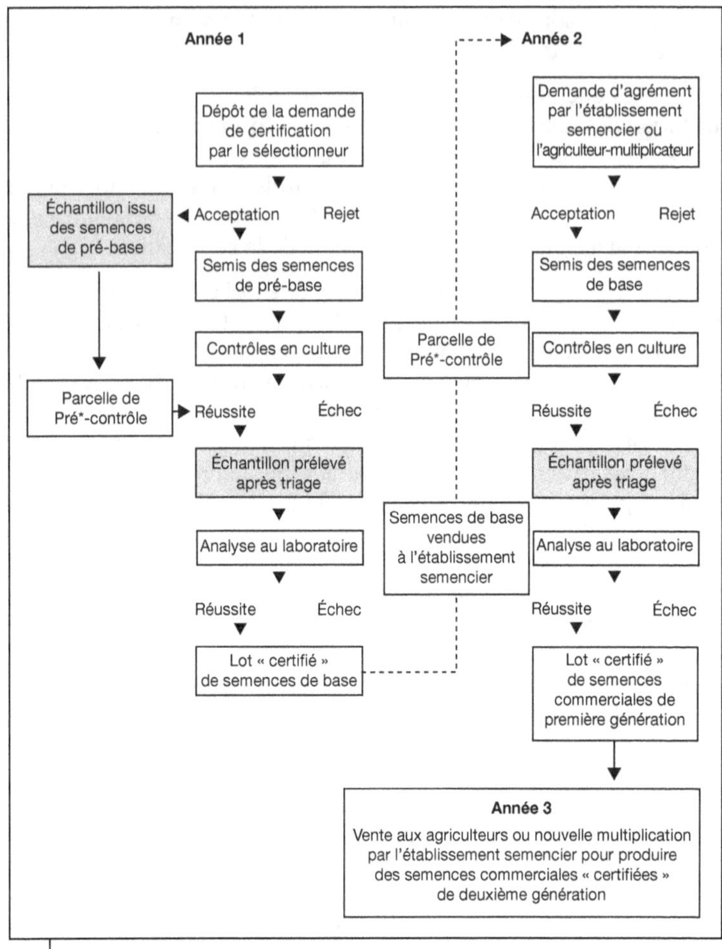

Figure 33. Séquence des opérations nécessaires à la production des semences certifiées.
* : Pour les premières générations, les parcelles de contrôle *a posteriori* servent de contrôle *a priori* pour la génération suivante.

du système. Ainsi, la certification fournit le cadre technique de la filière semence décrite au chapitre 1 et permet d'assurer son contrôle.

Il résulte de tout cela qu'un schéma de certification impose deux principales obligations à ceux qui y participent. Tout d'abord, le sélectionneur (ou son représentant) doit maintenir la variété et s'engager à

fournir les semences souches ou de pré-bases pendant toute la durée de commercialisation de la variété (Figure 8 au Chapitre 2). En second lieu, la variété doit être évaluée, décrite et inscrite sur un Catalogue officiel ou sur une Liste des variétés admises à la certification. Cela établit un lien essentiel entre la description de la variété (selon les éléments du test DHS) et le contrôle en végétation étant donné qu'aucun contrôle de l'identité variétale au champ ne peut être fait sans cette description. Dans la pratique courante, une clé simplifiée pour la détermination de l'identité variétale est élaborée à l'intention des contrôleurs, basée sur les caractères les plus facilement observables au champ, ce qui constitue une autre bonne raison pour utiliser, autant qu'il est possible, des caractères morphologiques pour établir la distinction des variétés dans le cadre des tests DHS.

Certains des premiers schémas de certification ont été mis en œuvre volontairement avec pour objectif de soutenir les efforts commerciaux d'un groupe de producteurs de semences jouissant d'une bonne réputation dans une région donnée. Cela a été la démarche des différentes associations de sélectionneurs des États-Unis qui sont des entités semi-autonomes, le plus souvent basées au sein des universités d'État. Par la suite, certains gouvernements (en particulier dans l'Union européenne) ont décidé d'officialiser et de rendre ces schémas obligatoires pour la production des semences des principales espèces cultivées. La certification est ainsi devenue un cadre juridique structurant la filière semences. Il existe deux nomenclatures standard pour la certification comme l'illustre le tableau 7, mais les principes de bases sont identiques.

La signification de l'étiquette de certification doit être estimée à sa juste valeur ; elle constitue un signe clairement identifiable par l'acheteur, mais au-delà, elle représente l'ensemble du système d'assurance qualité décrit ci-dessus. «Semences certifiées» est effectivement une marque commerciale et l'étiquette lui sert de logo. Pour cette raison, il est absolument essentiel de maintenir la confiance que les agriculteurs mettent dans cette étiquette ; si cette confiance est entamée, ou pire perdue, les agriculteurs se détourneront des semences certifiées au lieu de les rechercher. En fonction des règles propres à chaque schéma de certification, la validité des étiquettes a une durée déterminée, en général un an à compter de la date de l'analyse et de la fermeture de l'emballage, mais qui peut être réduite dans les environnements tropicaux. À l'expiration de la période de validité, le lot de semences peut être soumis à de nouvelles analyses et réemballé à condition qu'il

Tableau 7. Les deux nomenclatures standard pour la certification des semences.

OCDE et Union européenne	Couleur des étiquettes OCDE	Equivalent AOSCA
Semences du sélectionneur, semences de pré-base	Blanche avec une bande violette	Beeder
Semences de base	Blanche	Foundation
Semences certifiées de première génération (R1)	Bleue	Registered
Semences certifiées de deuxième génération (R2)	Rouge	Certified

OCDE : Organisation de coopération et de développement économiques. AOSCA : Association of Official Seed Certification Agencies in the USA (Association des agences de certification des semences officielles des États-Unis).

Cette succession des générations est spécifique des céréales ; certaines espèces ne nécessitent pas autant de multiplications et n'ont pas besoin d'une seconde génération de semences certifiées. C'est l'obtenteur qui a la responsabilité de la production des semences de souche/fondatrices.

réponde toujours aux normes de qualité en vigueur. Une partie de l'étiquette doit être positionnée à l'intérieur du sac et l'autre partie visible de l'extérieur et cousue à son sommet comme l'illustre la figure 34.

Pour assurer la bonne marche administrative et le respect des normes de qualité dans le cadre du schéma de certification, les intervenants clés doivent être officiellement reconnus et faire eux-mêmes l'objet de contrôle :
– les entreprises qui produisent et conditionnent des semences doivent être répertoriées ;
– les contrôleurs en culture doivent être formés, évalués et mandatés ;
– les agents en charge de l'échantillonnage doivent être formés et mandatés ;
– les laboratoires doivent être régulièrement inspectés, leurs techniciens formés, avec à leur tête un responsable expérimenté assurant la responsabilité des rapports d'analyse émis.

Dans certains pays, les exploitations agricoles qui produisent des semences sous contrat doivent être elles-mêmes enregistrées, mais le plus souvent le choix des agriculteurs-multiplicateurs avec lesquels il est lié par contrat est de la responsabilité exclusive de l'établissement semencier.

Lorsque les premières lois sur la qualité des semences et les premiers schémas de certification sont entrés en vigueur, ce sont les stations

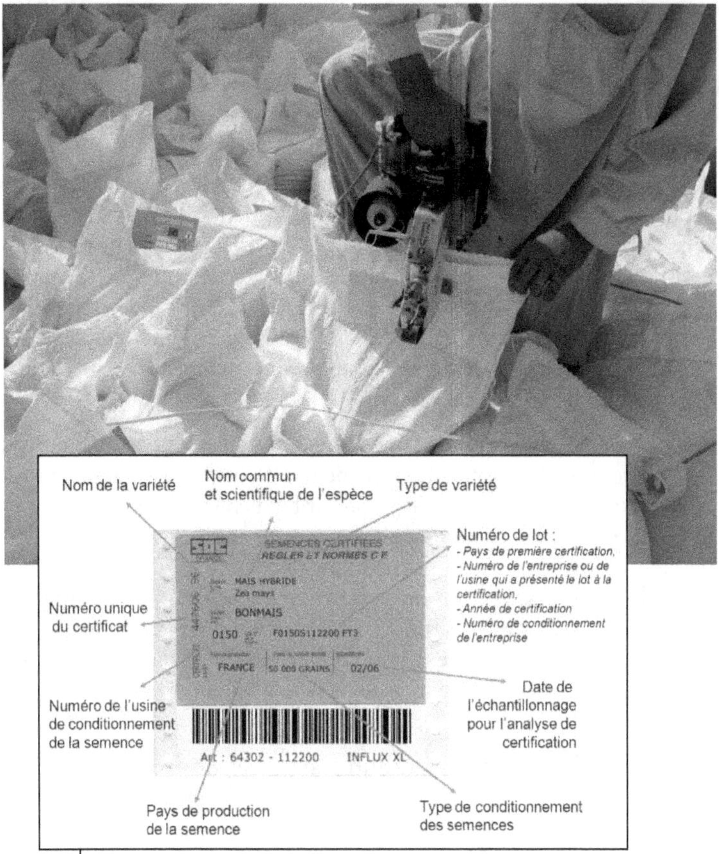

Figure 34. Exemple d'étiquette de certification établie par le service officiel de contrôle (SOC, France). Les étiquettes sont cousues sur le sac au moment de la fermeture de l'emballage.

officielles d'essais de semences qui ont assumé la quasi totalité de leur mise en œuvre ; de même, les inspecteurs assurant les contrôles en végétation étaient généralement des agents de l'État. Du fait de la tendance générale à la privatisation progressive des activités du secteur semencier, l'essentiel de ces tâches est désormais délégué à des sociétés privées ou à des personnes physiques qui sont dûment accrédités ou mandatées pour effectuer ce travail après avoir été formées et évaluées. Par ailleurs, le contrôle en végétation est une activité exclusivement saisonnière, qui implique que de très nombreux champs soient inspectés durant la très courte période qui va de la floraison au début de la maturation. Il peut être difficile, voire impossible à des agents permanents de l'État d'assurer ce travail et il est donc nécessaire de recourir à des inspecteurs temporaires accrédités pour effectuer les contrôles au champ.

Une autre tendance qui s'est imposée ces dernières années a été de rendre payantes les différentes étapes des schémas de certification de telle sorte que les coûts des services de certification soient partiellement ou même totalement couverts. Cela a eu pour effet de conforter l'activité de certification en lui assurant des revenus financiers réguliers permettant de couvrir les frais opérationnels, mais avec l'inconvénient que ces coûts sont intégrés au prix des semences et qu'au final ils sont à la charge des agriculteurs.

Au plan de l'organisation pratique, il est extrêmement avantageux de permettre aux établissements semenciers de disposer de leur propre laboratoire car ils peuvent ainsi obtenir beaucoup plus rapidement et à moindre frais les résultats qui leurs sont nécessaires. Mais il s'agit de laboratoires agréés qui sont soumis par les services officiels à des contrôles inopinés. Un certain pourcentage (en général de l'ordre de 5 à 10 %) des échantillons traités sont prélevés pour être analysés par le laboratoire de référence afin de confirmer la validité des résultats présentés par l'établissement et de prévenir toute dérive.

▌ Efficacité et pertinence dans les environnements tropicaux

Si la certification contribue grandement à garantir la qualité des semences proposées aux agriculteurs elle a aussi quelques limites. À l'origine, le système a été conçu dans le contexte des pays tempérés, disposant d'une agriculture commerciale déjà organisée ainsi que de bonnes infrastructures, et non soumis à des conditions extrêmes d'humidité et de température. Pour des raisons pratiques, la certification peut ne pas fonctionner aussi bien dans les pays tropicaux. Le coût élevé du contrôle des cultures sur pied ainsi que les difficultés de transport et le manque d'équipements auxquels sont confrontés les inspecteurs posent souvent problème. Par exemple, pour leurs déplacements, ces inspecteurs peuvent être dépendants de la société dont ils doivent contrôler les cultures, ce qui peut influencer leur jugement quant à l'acceptation ou le refus de ses productions.

D'autres problèmes peuvent survenir après la certification, par exemple quand un lot de graines a subi des détériorations du fait de conditions climatiques défavorables durant le transport. Le temps qu'un agriculteur réceptionne les semences qu'il a commandées, la qualité de celles-ci peut s'être dégradée alors que les résultats des analyses au laboratoire étaient bons et la certification correcte. Les acheteurs sont donc en droit d'émettre des doutes sur la valeur qu'il faut attribuer à l'étiquette de certification. Ce sont des difficultés de ce genre qui ont conduit à rechercher un système d'assurance qualité un peu moins exigeant et mieux adapté à des environnements difficiles et fonctionnant de surcroit avec des coûts administratifs moins élevés.

Les semences de qualité déclarée

Une solution alternative à la certification a été promue par la Food and Agriculture Organisation (FAO) des Nations-Unies sous l'appellation «Semences de qualité déclarée» (SQD ou QDS; FAO, 2006).

Les principes de base du système des Semences de qualité déclarée sont les suivants :
– l'établissement d'une liste de variétés éligibles à ce système;
– l'enregistrement des producteurs de semences auprès d'une autorité nationale;
– le contrôle par l'autorité nationale d'au moins 10 % des productions de semences;
– chaque lot de semences doit être contrôlé par son producteur et présenter des normes de qualité minimales;
– l'autorité nationale contrôle au minimum 10 % des lots de semences.

Un tel système fait clairement porter plus de responsabilité sur l'agriculteur-producteur de semences qui doit lui-même effectuer les opérations techniques, telles que les contrôles en végétation et l'analyse des semences, ce qui réduit d'autant les coûts à la charge des gouvernements. La qualité déclarée ne doit pas être considérée comme un substitut à la certification mais plutôt comme une étape intermédiaire vers une meilleure assurance qualité. Il faut souligner que le système SQD fournit un cadre général à l'intérieur duquel les pays peuvent développer un système pragmatique de contrôle de la qualité des semences s'appuyant sur les principes ci-dessus, chaque autorité nationale gardant l'initiative pour décider du détail des modalités comme par exemple l'étiquetage et les informations qui doivent y figurer.

Les normes de qualité des semences

Les premières lois sur la qualité des semences spécifiaient seulement des normes minimales pour la pureté et la germination des principales espèces de grande culture et potagères. L'objectif était la protection des consommateurs (en l'occurrence les agriculteurs) en leur garantissant que les semences mises sur le marché étaient toutes d'une qualité correcte. Ce système est en vigueur dans l'Union européenne depuis de nombreuses années et les étiquettes de certification indiquent seulement que les caractéristiques du lot de semences sont conformes aux normes sans fournir plus de détails chiffrés sur la germination ou la pureté, comme on peut le voir sur la figure 34.

Une autre approche de l'assurance qualité des semences est « l'étiquette vérité » qui impose au vendeur d'indiquer exactement sur l'étiquette les principaux résultats des analyses. Sur la base de ce principe, un lot de semences, quelle que soit sa qualité, pourrait être mis sur le marché à la seule condition que les informations figurant sur l'étiquette soient conformes au contenu. Ce qui donnerait plus de flexibilité au marché en autorisant par exemple un vendeur à offrir à un prix plus bas des semences de qualité inférieure. Cependant, cela n'est pas sans risque car, si par exemple un lot de semences affiche un taux de germination de 60 %, il est fort probable qu'il est dans une phase de détérioration rapide (Figure 12 au Chapitre 3). De ce fait, les résultats fournis sur l'étiquette peuvent s'avérer très rapidement obsolètes.

Au total, l'application de normes minimales est sans doute l'approche la plus sécurisante, d'autant qu'elle ne s'oppose pas à l'affichage d'une information plus détaillée sur l'étiquette, à condition cependant de ne pas trop compliquer les choses tant pour le vendeur que pour l'acheteur.

7. Commercialisation des semences et gestion des entreprises

Le marketing rassemble l'ensemble des activités visant à identifier les besoins des consommateurs et à développer les stratégies de communication et de commercialisation qui permettent d'y répondre. Il implique que soient établis des liens entre tous les intervenants de la commercialisation, de l'entreprise jusqu'au client final qui consommera ou utilisera le produit, avec souvent l'intervention d'intermédiaires tels que les distributeurs en gros et les détaillants.

Un marché structuré s'appuyant sur un bon système d'assurance qualité est la pierre angulaire des systèmes semenciers formels car les agriculteurs veulent pouvoir être sûrs que leurs dépenses sont justifiées. À l'opposé, les secteurs semenciers informels sont surtout basés sur les relations personnelles et les savoir-faire locaux. Quand des projets semenciers nationaux furent développés dans les décennies 1970 et 1980, ils se heurtèrent presque tous à une quasi absence de la demande, ce qui provoqua le lancement d'études de marketing afin d'analyser les causes de cette mévente des semences. Bien que la raison souvent évoquée ait été l'incompréhension, il se pourrait en fait que les agriculteurs ne percevaient aucun avantage évident à l'achat de semences, sauf lorsqu'ils souhaitaient acquérir une nouvelle variété. Une autre raison était que ces semences améliorées n'étaient souvent disponibles que dans des magasins ou des dépôts dépendant de l'État, peu accessibles à de nombreux agriculteurs du fait de leur éloignement.

La commercialisation des semences certifiées est le dernier maillon de la filière semences, qui relie le créateur d'une variété aux agriculteurs qui vont la cultiver. Ainsi, la mise en place d'un marché stable et soutenu pour les semences et les produits qui leur sont associés marque une étape majeure dans le développement de l'industrie des semences parce que, sans ce marché, il ne peut pas y avoir d'entreprises financièrement viables. C'est pourquoi une partie de ce chapitre s'intéressera également aux entreprises.

Les principes de la commercialisation

▶ Le produit

Les cours de marketing démarrent souvent avec les «5 P» : Produit, Prix, Place (positionnement géographique des points de vente), Promotion et Présentation. Cette approche s'applique sans aucun doute aux semences mais, comme cela a été dit précédemment, il est important de souligner qu'elles constituent un produit de nature très particulière. Contrairement à la plupart des autres marchandises, la qualité et l'identité d'une semence ne peuvent pas valablement s'estimer visuellement ; ce qui motive l'achat d'une semence, c'est sa capacité à mettre en place une nouvelle culture et à assurer une récolte. Sa valeur ne repose donc pas sur ce qu'elle est au moment de l'achat mais sur ce qu'elle va permettre de produire, d'où l'expression «une semence est plus une promesse qu'un produit». Tout cela dépend en particulier de ses qualités physiologiques (taux de germination et vigueur) ainsi que de son identité génétique, c'est-à-dire de la variété qu'elle matérialise. De ce fait, un achat de semences constitue intrinsèquement un pari sur l'avenir ; c'est pourquoi l'analyse des semences a joué un rôle aussi important dans le développement de leur commerce, que de nombreux gouvernements ont adopté des lois et règlements afin de protéger les agriculteurs des commerçants peu scrupuleux et que les schémas de certification ont évolué de façon à toujours mieux garantir la qualité des semences.

Du point de vue de la commercialisation, une autre caractéristique des semences est qu'il s'agit d'un produit éminemment saisonnier. Dans la plupart des systèmes de production, les agriculteurs achètent leurs semences pour les cultures à venir à un moment de l'année précis, et une fois cette période passée, ils n'en achèteront plus jusqu'à la saison suivante, même si les prix ont baissé. Ainsi les semences, tout comme les journaux, sont des produits très sensibles au facteur du temps, ce qui pèse fortement sur la gestion de leur commercialisation. Il y a bien sûr la possibilité de reporter d'une saison à la suivante un lot de semences invendu, mais cela peut être très risqué dans les régions tropicales où les conditions climatiques sont peu favorables au stockage. Enfin, il demeure le problème sous-jacent que, dans pratiquement toutes les situations, les agriculteurs peuvent produire eux-mêmes leurs semences ou se les procurer directement à partir de leur environnement immédiat, du fait que le secteur informel offre toujours une

solution alternative pour s'approvisionner en semences de nombreuses espèces bien que leur qualité soit incertaine. Les agriculteurs ont d'ailleurs l'habitude d'intégrer cette impasse sur la qualité en pratiquant des doses de semis plus élevées pour les semences produites sur place, bien que cela entraîne un certain gaspillage et ait aussi un coût.

▶ Le prix

Le prix auquel une semence peut être vendue est fonction de l'espèce et de la variété mais aussi de la connaissance et de la compréhension par les acheteurs potentiels de son processus de production. Pour les espèces cultivées pour leur grain, et si on exclut les variétés hybrides, les agriculteurs considèrent que la semence est avant tout une graine, dotée d'une certaine valeur ajoutée, ce qui fait que le prix du grain consommation constitue une bonne référence. Cette approche est également valable dans les systèmes traditionnels qui pratiquent souvent l'échange grain contre semence à un certain taux, par exemple 1,5 pour 1. Dans les systèmes commerciaux, le prix de vente doit être suffisant pour couvrir, en plus de la valeur du grain pour la consommation, tous les frais additionnels liés à la production des semences ainsi qu'un certain bénéfice indispensable pour que l'activité soit viable. Ce prix doit donc intégrer l'ensemble des coûts qui s'accumulent tout au long du processus de production des semences qui sont rappelés dans le tableau 8.

Concrètement, on considère généralement que le prix des semences certifiées est d'environ le double de celui du grain pour la consommation. Il est possible de le réduire légèrement, mais uniquement à condition que toutes les opérations de la chaîne de production soient parfaitement conduites (ou aussi que les marges soient réduites !). Si le prix des semences va au-delà, les réticences à l'achat ne feront que s'accroître et les agriculteurs seront encore plus tentés de produire eux-mêmes leurs semences ou de s'approvisionner sur le marché informel. Il faut en effet souligner que dans le cas des céréales et des légumineuses autogames, la concurrence provient plus du secteur informel que des autres établissements semenciers. Ainsi, quel que soit le marché, la marge de manœuvre d'un établissement semencier dont l'activité repose sur ces espèces est très étroite, car il lui faut tout à la fois couvrir tous ses coûts et vendre des quantités suffisantes de semences pour pouvoir dégager un bénéfice. Ce qui n'est pas une chose aisée.

Quand il s'agit de variétés hybrides, le tableau change complètement ; l'agriculteur est dans l'incapacité de reproduire la variété ce qui fait

Tableau 8. Formation du prix des semences certifiées d'une céréale ou d'une légumineuse à graines.

Composant du coût	Description	Coût unitaire[1]	Coût cumulé
Prix du grain consommation	Fournit la base du prix auquel tous les autres coûts seront ajoutés	100	100
Prime attachée au contrat de production	Couvre les coûts supplémentaires spécifiques à la production des semences; intéressement du producteur	15	115
Livraison à la station-semences	Coûts de transport et de manutention	5	120
Coûts directs du triage-conditionnement	Main-d'œuvre, consommation d'énergie, entretien et pièces détachées; séchage éventuel	15	135
Pertes dues aux écarts de triage	Peuvent être partiellement compensées par la vente des sous-produits	10	145
Droits liés à la certification; assurance qualité	Tous les coûts d'inspection, d'échantillonnage, d'analyse, etc. et/ou d'assurance qualité interne à l'entreprise	5	150
Stockage et conditionnement pour la vente	Gestion de l'entrepôt, manipulation des sacs, contrôle sanitaire, pertes de stockage	5	155
Distribution et mise en marché[2]	Livraison aux points de distribution et promotion des ventes	10	165
Gestion et frais généraux	Salaires, communications, véhicules, assurance qualité, polices d'assurances, frais bancaires, amortissement des équipements	20	185
Marge bénéficiaire[2]	Bénéfice de l'activité, constitution de réserves pour les mauvaises années, capitalisation en vue d'investissements futurs et du développement	15	200[3]

1. Tous ces éléments de coût peuvent varier en fonction des conditions locales; ces valeurs doivent être considérées comme des estimations moyennes mais qui débouchent en général sur un prix de la semence double de celui du grain.

2. Si la vente s'effectue au travers d'un réseau de détaillants ou de distributeurs il faut ajouter leur marge commerciale; celle-ci augmente le prix de vente ou réduit d'autant la marge bénéficiaire de l'entreprise.

3. Ce coût cumulé ne prend pas en compte les traitements phytosanitaires (souvent très onéreux) ou les éventuelles royalties dues au sélectionneur (voir Figure 3, chapitre 1).

que la relation directe entre le grain pour la consommation et la semence est rompue. Cette asymétrie de pouvoir fait que le vendeur peut décider de prix beaucoup plus élevés pour les semences hybrides, pas nécessairement en rapport avec les coûts de production réels. Les hybrides fournissent ainsi le moyen de contrôler la production et la diffusion d'une variété mais aussi de garantir un volume de vente régulier d'une saison sur l'autre, ce qui transforme complètement le marché des semences commerciales sous réserve que les agriculteurs disposent chaque année de la trésorerie nécessaire. Si ce n'est pas le cas, cela peut les rendre vulnérables étant donné que le re-semis de grains récoltés sur un hybride est tout à fait déconseillé[17]. Ces considérations sur l'organisation du marché s'appliquent également aux espèces dont les semences sont délicates à produire, telles que les plantes potagères et les plantes fourragères, pour lesquelles l'agriculteur ne dispose ni de source d'approvisionnement alternative ni de référence sur les prix.

Localisation des points de vente

« L'offre crée la demande » a été un slogan très célèbre lancé par la Kenya Seed Company à ses débuts, quand elle a créé son réseau de distributeurs couvrant tout le pays. Cela est particulièrement vrai pour le marché des semences parce que les agriculteurs (tout comme chacun d'entre nous) a dans sa vie de tous les jours une aire de mobilité limitée. Plus il y a de points de vente accessibles dans une région de production, plus les agriculteurs y sont incités à acheter leurs semences. L'une des faiblesses de la plupart des anciens projets semenciers était qu'ils s'appuyaient pour la vente sur de grands magasins dépendant d'un organisme officiel au lieu de mettre en place un réseau de distribution couvrant bien l'ensemble du territoire et faisant appel au secteur privé. Bien sûr, le détaillant doit pouvoir prélever un certain bénéfice sur ses ventes, réduisant par là-même les marges du semencier, mais cela facilite la distribution et permet d'accroître les ventes.

Il existe de nombreuses méthodes pour stimuler les ventes au travers d'un réseau de détaillants ; par exemple, en offrant des primes pour augmenter les volumes, en formant les vendeurs pour les rendre plus réactifs à la demande, en fournissant du matériel promotionnel aux points de vente, etc. Un emballage adapté peut également y contribuer : par exemple, les agriculteurs seront plus tentés d'essayer une

---

[17] Le semis des grains récoltés sur les hybrides conduit généralement à une culture hétérogène et présentant peu d'intérêt pour l'agriculteur (NdT).

nouvelle variété si celle-ci est proposée dans des conditionnements de petite taille. De cette façon, les distributeurs locaux peuvent devenir de véritables agents de développement très efficaces, en recueillant et échangeant des informations sur les semences qu'ils distribuent. Les petits magasins ou dépôts ruraux (Figure 35) deviennent ainsi des partenaires influents de la filière de commercialisation des semences, à condition toutefois qu'ils disposent de conditions de conservation satisfaisantes et qu'ils gèrent soigneusement leurs stocks. Car hélas il arrive que l'on trouve sur une étagère des semences vieilles de trois ans dans un emballage éventré !

Figure 35. Un petit point de vente de semences au Mexique.

⫸ Promotion (et vulgarisation)

Ces activités ont pour objet de créer la demande (ou d'augmenter son attractivité) pour un produit auprès d'un public ciblé. Pour la plupart des biens de consommation, la publicité (avec ses multiples supports : presse, affichage, radio, télévision...) demeure le principal outil de promotion. Elle peut être un moyen tout à fait adapté pour attirer l'attention sur les semences, en particulier sur une nouvelle variété, de façon à ce que les agriculteurs mémorisent son nom. Cependant, étant des acheteurs prudents et ne disposant le plus souvent que de ressources limitées, les agriculteurs sont peu enclins à acheter une variété nouvelle sur la seule base de la publicité. Avant de passer à l'acte, ils ont

besoin de la juger au champ, dans des conditions réelles et proches de celles de leur propre exploitation, appliquant le vieil adage : «il faut voir pour croire». C'est pour cette raison que les parcelles de démonstration, les journées portes ouvertes et toutes les manifestations de ce genre sont, de loin, les moyens les plus performants pour faire la promotion des nouvelles variétés et des semences de qualité.

Ce type de manifestation est très courant dans le monde agricole (Figure 36). Les variétés sont mises en essais dans des parcelles de taille standard, disposées de telle sorte que les agriculteurs qui viennent les visiter puissent les observer et les comparer facilement. Les variétés les plus cultivées de la même espèce sont incluses dans ces essais pour servir de référence, chaque parcelle étant clairement identifiée par un panneau. Il est bien sûr important que le champ de démonstration soit bien tenu et que la conduite de culture soit homogène pour l'ensemble des parcelles ; cependant, il ne doit pas être «sur-cultivé» par l'apport d'engrais, d'irrigation, d'applications de produits phytosanitaires qui ne sont pas d'usage courant par les agriculteurs. Ces journées de visite ont normalement lieu quand les cultures sont proches de leur maturité et expriment le mieux leurs caractéristiques et leurs potentialités. Des échantillons d'épis peuvent alors être récoltés pour être exposés et mis en comparaison. Pour les cultures potagères, étant donné que la période de récolte est beaucoup plus étalée, ces visites d'essais peuvent être répétées plusieurs fois chaque saison avec la présentation des premiers résultats de rendement. Dans certains pays,

Figure 36. Visite d'un essai de nouvelles variétés de sorgho en Zambie.

les entreprises semencières ont souvent l'habitude d'implanter leurs champs de démonstration bien en vue, sur le bord des routes.

Des journées de visites d'essais sont également organisées par les entreprises dans le cadre des campagnes de promotion de leurs nouvelles variétés, ces dernières pouvant être mises en comparaison avec les variétés de référence plus anciennes. Ces évènements sont généralement accompagnés par une généreuse hospitalité et la distribution d'objets publicitaires tels que des casquettes, des sacs et des échantillons de semences. C'est aussi l'occasion pour les entreprises d'enregistrer des commandes anticipées pour la saison suivante, en particulier pour les nouvelles variétés souvent disponibles en quantités limitées.

Les services de vulgarisation agricole dépendants du gouvernement conduisent également des activités d'expérimentation et de démonstration sur les variétés ainsi que sur les autres techniques agricoles, dont les distributeurs de semences peuvent tirer profit. Généralement, ces services de vulgarisation n'ont pas vocation à fournir des semences, sauf dans le cadre de campagnes gouvernementales spécifiques. Mais afin de couvrir leurs coûts, ils peuvent proposer aux semenciers de mettre leurs variétés en essai, moyennant un paiement à la parcelle. Comme cela a été signalé au chapitre 4, les champs des producteurs de semences sous contrat peuvent aussi être très utiles aux actions de vulgarisation en accueillant des essais de nouvelles variétés réalisés dans les conditions locales et facilement accessibles aux agriculteurs environnants.

▶ Conditionnement (ensachage et présentation)

Le conditionnement est l'un des principaux atouts du secteur semencier formel étant donné que l'emploi d'emballages scellés et étiquetés permet de bien identifier le produit et de garantir sa qualité. On ne saurait trop insister sur cet aspect. Le conditionnement et l'étiquette sont l'aboutissement de tout le processus de production des semences au travers de plusieurs générations de multiplication – chacune d'entreelles ayant été l'objet de contrôles en végétation, d'opérations de triage et de nettoyage, d'analyse de la qualité – même si l'acheteur peut ne pas avoir conscience de tous ces détails. L'ensemble de ce processus est étayé par la certification officielle, présentée au chapitre 6. C'est pourquoi les entreprises commerciales investissent dans la création d'un logo ou d'un nom commercial qui identifiera leur marque sur le marché. Dans les marchés hautement compétitifs, la marque peut, à elle seule, remplacer efficacement l'étiquette de la certification parce

que l'entreprise s'engage sur ses propres normes de qualité, qui font partie intégrante de ses conditions de ventes, et qui peuvent, le cas échéant, lui être opposées légalement.

Au-delà de ses aspects purement commerciaux, le conditionnement assure aussi une fonction technique, en protégeant l'intégrité des semences tout au long de la chaine de distribution. Le choix des matériaux constituant l'emballage repose donc sur de multiples considérations. Par exemple :
– son coût, qui doit bien sûr être en relation avec la valeur du contenu ;
– sa disponibilité : ce matériau est-il disponible localement ou doit-il être importé ?
– sa capacité à supporter les risques inhérents au transport, compte-tenu du poids et du volume du paquet ;
– la possibilité de faire figurer des informations ou des illustrations à la surface de l'emballage ;
– la protection contre des conditions environnementales défavorables ou des parasites ;
– la possibilité de prélever facilement un échantillon ;
– la facilité de manutention et d'entreposage.

Pour les conditionnements importants, la plupart des solutions font appel à des sacs tissés, en fibres naturelles (par exemple le jute) ou artificielles (polypropylène) ; ces dernières sont très largement utilisées dans les environnements tropicaux parce qu'elles sont relativement bon marché et suffisamment solides pour résister à des manutentions plus ou moins rudes. Les sacs en papier dominent en Europe et aux États-Unis car ils sont plus facilement imprimables et personnalisables avec la marque et le logo de l'entreprise. Cependant, ils sont relativement onéreux et n'ont plus guère de valeur ou d'utilité une fois ouverts. Dans certains cas, plusieurs matières sont associées afin de cumuler leurs qualités (Figure 37).

Pour les petits conditionnements (en particulier pour les semences potagères), la préférence va aux sachets plastiques métallisés ou aux boites métalliques qui sont tous deux étanches et peuvent donc maintenir la qualité des semences même dans des conditions défavorables. Le papier enduit de plastique a des propriétés équivalentes et peut être meilleur marché mais sa résistance mécanique est moindre. Sur les petits sachets de graines de légumes il est d'usage de faire figurer des photos et quelques conseils de culture pour favoriser les ventes et aider l'acheteur à bien utiliser ses semences. Ce type de conditionnement est très largement diffusé dans le commerce de détail car il est

Figure 37. Sacs en papier avec une doublure plastique permettant de maintenir une faible teneur en eau.

très attractif et sa durée de vie peut aller jusqu'à trois ans à condition d'être bien étanche. Le tableau 9 présente la comparaison des principaux matériaux utilisés pour le conditionnement des semences.

Le service après vente

Bien que plus souvent utilisé dans le contexte de la maintenance et de la réparation des équipements, ce concept est également applicable aux semences. L'achat de semences repose sur la confiance car leur résultat ne peut être apprécié que tout à la fin du cycle de production, une fois la récolte terminée. Malheureusement, les agriculteurs ont souvent tendance à faire porter sur les semences la plupart des problèmes qu'ils rencontrent durant les premiers stades de la culture, et il est donc essentiel que les fournisseurs, qu'ils soient semenciers ou distributeurs locaux, sachent comment réagir à ce genre de plainte. La traçabilité des lots de semences est l'une des principales forces du secteur semencier formel et des schémas de certification. Il est toujours conseillé aux agriculteurs de bien conserver l'étiquette fixée sur le sac de semences. Si un problème n'apparaît que chez un ou deux utilisateurs d'un même lot, il est peu probable que la qualité de la semence

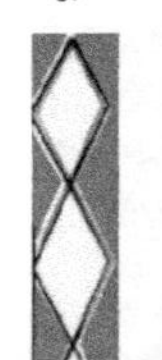

Tableau 9. Comparaison des matériaux utilisés pour le conditionnement des semences.

Matériau et forme	Avantages	Inconvénients	Remarques
Sac en jute ou autre fibre naturelle tissée	Résistant; manutention, empilement et échantillonnage faciles; peut être nettoyé et réutilisé	Les parasites (y compris les rongeurs) le trouent facilement; aucune étanchéité; difficile à imprimer	Les caractéristiques peuvent être améliorées grâce à une doublure intérieure en plastique
Sac coton	Apprécié et imprimable; facilement réutilisable	Relativement cher; ne convient que pour des petits conditionnements	Outil de promotion efficace quand il est imprimé avec un logo bien visible
Sac polypropylène tissé	Résistant; facile à échantillonner; peut être nettoyé et réutilisé; relativement bon marché	Peut glisser quand il est empilé	Se substitue au jute; offre une meilleure résistance aux rongeurs
Sac papier multicouches (papier kraft)	Manutention et empilement faciles; permet une impression de haute qualité; divers types de revêtements peuvent améliorer ses qualités physiques	Peut se déchirer lors de manutentions peu soigneuses; faible valeur de réutilisation; assez cher; les trous d'échantillonnage doivent être rebouchés	Nécessite une fabrication soignée pour offrir une bonne résistance
Sac/sachet matière plastique (polyéthylène)	Convient pour les petits conditionnements; peut être imprimé; étanche à condition d'être de bonne qualité	Se déchire facilement; ne convient pas pour les grands conditionnements	Une doublure en plastique améliore les qualités des autres matériaux comme le jute ou le papier
Boite en matière plastique ou en métal	Résistante et bonne longévité; étanche si elle est convenablement scellée	Les emballages vides sont encombrants; le système de fermeture à l'emballage exige un équipement spécifique; ne peut être échantillonné	Utilisé principalement pour les semences potagères conditionnées en petites quantités
Plastique métallisé (une feuille d'aluminium entre deux feuilles de matière plastique)	Étanche; résistant et durable; présentation attractive	Cher; ne convient qu'aux petits conditionnements; ne peut être échantillonné	Peut parfois être remplacé par du papier multicouches ou enduit, beaucoup moins onéreux

Remarques 1. La plupart des grands conditionnements (sacs) sont fermés par couture; les conditionnements en matière plastique multicouches sont généralement scellés par chauffage ce qui assure leur étanchéité.

2. Le prix du conditionnement est fortement dépendant de l'origine de la matière première et des quantités en jeu (par exemple, le jute est peu onéreux dans les pays qui le produisent, mais souvent remplacé par du polypropylène tissé ou du papier partout ailleurs).

3. Si les emballages doivent être importés, la garantie de l'approvisionnement est un point important à considérer.

soit en cause. Dans le cas contraire, il est important que tout problème de germination puisse être étudié à fond, et que des recherches soient effectuées pour en identifier les causes, afin que le fournisseur dispose de retours d'informations du terrain fiables qui lui permettent de mieux conseiller ses clients.

Les entreprises semencières

Il existe un large éventail d'entreprises impliquées dans la distribution des semences : on y trouve un petit nombre de grandes sociétés multinationales aux intérêts mondiaux très diversifiés, quelques grandes sociétés nationales et un très grand nombre de petites entreprises locales. Ce qui suit s'intéresse principalement aux petites et moyennes entreprises (PME) qui sont considérées aujourd'hui comme d'importants catalyseurs du développement des zones agricoles sous ses multiples aspects, y compris la distribution des semences.

Le soutien des PME

Dans un marché libre, les entreprises sont confrontées à la valeur réelle des produits (dans le cas présent, les semences) qu'elles proposent à la vente. Pour durer, une entreprise doit couvrir tous ses coûts, faire des profits afin de rémunérer ses propriétaires et accumuler suffisamment de capital pour pouvoir financer de nouveaux investissements ou survivre à une mauvaise année commerciale. Les projets financés par les donateurs ou les organisations non gouvernementales (ONG) peuvent s'abstraire de ces réalités financières en attribuant des subventions qui encouragent les agriculteurs à avoir recours à certains types de semences plutôt qu'à d'autres. Cela peut contribuer à améliorer le niveau de vie et participer à la formation des bénéficiaires sur le court terme, mais n'est absolument pas durable sur le long terme ; de plus, les agriculteurs prennent l'habitude de s'approvisionner en semences à moindre coût, et risquent alors de ne pas les utiliser de manière efficace et productive. En dépit de ces considérations, il demeure important que les gouvernements, les donateurs et les ONG continuent de soutenir le développement des entreprises semencières qui sont le meilleur moyen d'établir un marché organisé et durable des variétés et des semences, complètement intégré à l'économie agricole locale.

▌ Taille et activités des entreprises

Bien qu'il soit souvent difficile à des petites entreprises de rivaliser avec de grandes sociétés, des opérateurs locaux peuvent réussir parce qu'ils sont plus proches du terrain et appréhendent mieux les véritables besoins et préoccupations des agriculteurs. La taille idéale pour une telle structure est difficile à définir, car elle est extrêmement dépendante des principales espèces distribuées, mais on peut la situer à l'intérieur d'une gamme de volume de commercialisation de semences allant de 200 à 1 000 tonnes par an, réparties sur deux saisons de culture.

Une PME semencière de ce type repose sur trois principales activités :
– la production, essentiellement sous contrat avec des agriculteurs-multiplicateurs ;
– la préparation industrielle des semences suivie de leur stockage et conditionnement pour la distribution ;
– la vente aux agriculteurs, soit directe, soit au travers de distributeurs et de dépositaires.

Ces trois activités, disposant chacune d'un responsable, structurent classiquement l'organisation de l'entreprise présentée à la figure 38. La station de triage-conditionnement constitue le cœur de l'entreprise, réceptionnant les semences livrées par les producteurs, apportant une valeur ajoutée en améliorant leur qualité, et au final les conditionnant pour en faire un produit commercial prêt pour la vente. Un petit laboratoire d'analyse des semences ayant pour mission d'assurer le suivi interne du contrôle qualité doit lui être associé, et le plus souvent, les bureaux et services administratifs de l'entreprise sont aussi localisés sur le site. Il semblerait naturel que le laboratoire d'analyse soit placé sous l'autorité du responsable de la station-semences, ne serait-ce qu'en raison de sa proximité. Cependant, il est important que l'équipe du laboratoire ne soit pas trop incitée à produire des bons résultats, ce qui justifie que l'on place le responsable du laboratoire sous l'autorité directe du directeur général afin de mieux assurer son indépendance.

Le plus souvent, les PME semencières n'ont pas suffisamment de moyens propres pour conduire leur propre programme de sélection et doivent donc faire appel à des variétés créées ailleurs. Les principales options sont alors d'avoir recours, soit à des variétés publiques, c'est-à-dire libres de droits de propriété, issues d'organismes de recherche

| | Conseil d'Administration (ou Propriétaire de l'entreprise) Directeur général | | | | |
	Directeur de la production	Directeur de la station semences	Directeur commercial	Directeur financier	Secrétaire général
Responsabilités	Programme de production. Contrats. Equipement et matériel de culture. Contrôle de la qualité au champ.	Machines et installations de la station semences. Entreposage et suivi des stocks de semences. Conditionnement et expédition. Laboratoire de contrôle-qualité.	Stratégie commerciale. Publicité. Politique tarifaire. Réseau de vente.	Planning financier. Gestion du capital et des investissements. Elaboration des budgets et suivi des comptes.	Questions juridiques. Gestion du personnel. Assurances. Elaboration et suivi des documents légaux et administratifs de l'entreprise.
Moyens humains	Directeur de l'exploitation agricole. Personnel de terrain.	Personnel spécialisé en triage-conditionnement-stockage des semences. Equipe de maintenance des équipements.	Directeur des ventes. Equipe commerciale.	Chef comptable. Commis aux écritures.	Directeur du personnel.
Domaine de Compétence	Technique	Technique	Commerciale	Administrative	Administrative

Figure 38. Organigramme type d'une entreprise semencière. S'il s'agit de structures de petite taille, l'ensemble des responsabilités administratives et financières peut être assuré par une même personne. Cette structure suppose que les activités recherche et développement ne sont pas séparées.

nationaux ou internationaux, soit à des variétés protégées obtenues par des sélectionneurs privés nationaux ou étrangers. Dans ce dernier cas, l'entreprise passe un accord formel lui permettant de recevoir les nouvelles variétés à des fins d'évaluation et ensuite de promouvoir et distribuer celles qui ont donné les meilleurs résultats sur son secteur. De cette façon, de petites entreprises peuvent devenir les représentants locaux de grandes sociétés et contribuer ainsi à l'accroissement global de leur marché. De tels accords comportent le plus souvent diverses dispositions financières concernant le partage des risques et des bénéfices entre les parties ainsi que le versement de royalties pour l'exploitation de la variété (comme indiqué dans la Figure 3, Chapitre 1).

Si une petite entreprise souhaite s'engager dans une démarche de recherche et développement pour aller au-delà de la simple évaluation variétale, il lui est possible de repartir d'une variété-population locale déjà bien appréciée au sein de laquelle, en appliquant une forte pression de sélection et d'épuration, elle pourra isoler et fixer une forme améliorée. Il est assez fréquent que les agriculteurs cultivent une variété moderne à haut rendement pour la vente et une variété plus traditionnelle pour leur propre consommation ; cependant ces variétés locales sont souvent très polluées et le marché formel n'offre généralement pas de source fiable permettant de renouveler leurs semences.

Dans le cadre de la filière semences décrite précédemment, la question se pose de savoir quelle génération de semences le sélectionneur doit-il fournir à l'établissement semencier. La solution la plus courante est que ce dernier reçoive des semences de base et prenne en charge les deux multiplications suivantes pour produire les semences certifiées de première (C1) et deuxième (C2) génération (Figure 33). Pour la plupart des céréales, 100 à 200 kg de semences de base devraient suffire pour approvisionner un marché local en semences C2. Dans le cas des semences hybrides ou des semences potagères à forte valeur, le distributeur les reçoit généralement directement de l'établissement de sélection ou du grossiste, déjà emballées sous de petits conditionnements prêts à la vente. Il est fondamental que l'entreprise offre à la vente une gamme de semences assez large et diversifiée, non seulement pour conforter son statut de distributeur de semences mais aussi pour maintenir son chiffre d'affaire tout au long de l'année.

La trésorerie

La saisonnalité de la production et de la vente des semences a un impact considérable sur la trésorerie. Au moment de la récolte et dans la période qui suit immédiatement, l'établissement semencier doit verser des sommes très importantes aux agriculteurs-multiplicateurs sous contrat qui viennent livrer leur production, ce qui se traduit par une baisse rapide de trésorerie. La plupart des semences achetées vont devoir être gardées en stock pendant au minimum deux à quatre mois avant de pouvoir être vendues la saison suivante et de reconstituer la trésorerie. Mais même à ce moment là, beaucoup de petits agriculteurs comptent sur le crédit, ce qui fait que ces rentrées d'argent dues aux ventes ne se font que très progressivement. Pour traverser cette période exigeante en trésorerie, l'entreprise doit pouvoir disposer, soit d'un compte bancaire substantiel, soit avoir accès à un crédit bancaire à court terme mais qui implique une charge supplémentaire due aux intérêts. Divers mécanismes financiers sont possibles pour résoudre ce problème et étaler les besoins en trésorerie ; par exemple, en encourageant les producteurs de semences sous contrat à conserver la récolte sur leur exploitation pendant un certain temps ou en accordant un rabais aux clients qui achètent leurs semences tôt en saison. Cependant ces deux solutions ont également un coût : le prix plus élevé payé aux producteurs et les remises faites aux clients.

L'évaluation des stocks

Ce point devient véritablement délicat quand des semences se retrouvent invendues en fin de saison. En fonction des systèmes de culture pratiqués localement et des variétés utilisées, une nouvelle demande de semences peut intervenir au bout d'environ six mois (si il y a deux principales saisons de culture par an), mais le plus souvent il faudra les conserver au moins dix mois de plus jusqu'aux semis de l'année suivante. Cette situation crée immédiatement un premier problème d'ordre technique : est-ce que les conditions de stockage sont suffisamment satisfaisantes pour maintenir le taux de germination ? Ce qui pose un deuxième problème, d'ordre financier : la valeur du stock de report doit-elle être fixée en fonction du prix de marché attendu pour la saison suivante, ou à un prix plus faible pour tenir compte d'une part d'invendus due à un taux de germination insuffisant ? Il s'agit là d'un point crucial car l'entreprise peut être tentée de surévaluer ses stocks et donner ainsi une information fausse sur la réalité de son bilan.

Des solutions techniques existent, qui consistent à investir dans des équipements de séchage et de stockage plus performants, mais elles ont un coût. Au plan pratique, un établissement semencier peut, pour des raisons de sécurité, avoir pour politique de toujours maintenir et stocker soigneusement un petit stock de report. Mais dans tous les cas, la qualité des semences reportées devra être réévaluée au début de la saison suivante et leur vente devra intervenir aussi rapidement que possible. *A contrario*, toute semence qui est considérée comme inapte au semis doit être immédiatement déclassée en grain de consommation et vendue comme tel afin de récupérer une partie de sa valeur, sous réserve bien sûr de ne pas avoir été traitée.

L'évolution de la demande sur le marché

Il s'agit d'un autre point délicat auquel les entreprises semencières sont confrontées du fait que les agriculteurs conservent toujours l'option de produire et utiliser leurs propres semences. Les conditions climatiques de la saison de culture contribuent également à cette incertitude. Si la récolte s'effectue dans de bonnes conditions, et si

elle est abondante, les agriculteurs seront plus enclins à s'auto-approvisionner en semences. À l'opposé, si la récolte s'est effectuée dans de mauvaises conditions, ils préfèreront acheter leurs semences ou au contraire ne pas en acheter pour ménager leurs faibles ressources. Dans une situation donnée, il est sans doute possible – surtout *a posteriori* – d'expliquer les raisons de la fluctuation de la demande mais il est impossible de les prédire ou de faire des ajustements de dernière minute car le cycle de production des semences n'est guère flexible. Ces incertitudes soulignent la nécessité d'une programmation de la production et d'une gestion des stocks extrêmement rigoureuses comme cela a été expliqué au chapitre 4.

▶ Diversification

Comme dans le monde vivant, une certaine diversité dans les activités commerciales peut constituer une assurance contre les aléas en partageant les risques. Diverses solutions s'offrent à un établissement semencier, celles-ci permettront en outre à son équipe dirigeante d'élargir pragmatiquement ses compétences. En ce qui concerne la production, il est prudent de répartir géographiquement les agriculteurs sous contrat sur une zone raisonnablement vaste : cela permet d'étaler les récoltes et de se prémunir contre des accidents locaux. Dans les régions présentant de fortes variations d'altitude sur un territoire réduit, il est possible d'étaler les saisons de récolte et de vente en diversifiant autant qu'il est nécessaire l'altitude des champs de production de semences, même si cela implique une augmentation des frais de transport. On peut aller encore plus loin dans cette démarche en mettant en place des productions de semences en contre-saison, généralement pendant la saison sèche avec l'apport d'irrigation.

Côté commercial, les entreprises implantées dans le monde rural ont intérêt à offrir toute une gamme de produits et de services afin d'apporter de la flexibilité et d'attirer plus de clients. C'est pour cette raison que les commerces distribuant exclusivement des semences sont plutôt rares : cela est en effet extrêmement risqué, surtout si le produit principal distribué est une céréale autogame comme le riz. La diversification, au moyen de produits ou de services relevant du même secteur est donc une priorité. En voici quelques exemples courants (en fonction bien sûr des systèmes de production pratiqués localement) : la distribution de jeunes plants d'arbres fruitiers, la fourniture d'autres intrants comme les engrais, l'apport de services post-récolte comme le décorticage du riz ou le pressage des graines oléagineuses pour en extraire l'huile... Toutes ces activités contribuent à intégrer naturellement le commerce des semences au réseau des entreprises agricoles locales dont les agriculteurs deviennent des partenaires actifs en étant tout à la fois des acheteurs d'intrants et des vendeurs de produits. De même, les fournisseurs généralistes d'intrants agricoles tendent à se diversifier dans la distribution des semences afin de développer leur clientèle car il est bien connu que les agriculteurs sont toujours très intéressés par les variétés nouvelles. Cette stratégie de diversification et d'intégration doit permettre de rendre les établissements semenciers moins fragiles vis-à-vis des risques financiers tout en favorisant la promotion des variétés nouvelles et des semences sélectionnées dans le monde rural.

8. Production de semences des cultures non céréalières

Les chapitres précédents ont mis l'accent sur les céréales car elles constituent habituellement les principales cultures des exploitations agricoles, mais aussi parce qu'elles fournissent un bon exemple pour présenter et illustrer les règles de base et les activités qui sont communes à toute filière semences. Les semences de céréales sont également faciles à produire et à conditionner. Étant donné que ces espèces sont à la base de notre alimentation, elles sont cultivées et vendues en énormes quantités sous forme de grains; le marché des semences coexiste donc avec le marché consommation et est influencé par les énormes quantités de ce dernier. Les semences des autres plantes cultivées, au contraire, se distinguent généralement du produit consommation tant par leurs caractéristiques générales que par leurs modes de production et de commercialisation. Ce chapitre s'intéresse brièvement aux semences des légumineuses à graines, des plantes oléagineuses, des espèces fourragères et prairiales, des plantes industrielles ainsi que des espèces forestières. Sur la fin, on considérera plus en détail les semences des espèces potagères compte tenu de leur grande diversité et de leur importance pour l'alimentation familiale et la santé publique; elles fournissent aussi des exemples intéressants de production de semences hybrides.

Les légumineuses à grosses graines

Ces espèces constituent une transition parfaite car leur méthode de production et leurs caractéristiques commerciales sont globalement similaires à celles des céréales. Toutes appartiennent à la famille des légumineuses (les céréales appartiennent à la famille des graminées). Comparativement aux céréales, la gamme des grandes espèces de légumineuses cultivées est bien plus étendue. Elle comprend plusieurs espèces de haricots appartenant aux genres *Phaseolus* et *Vigna*, le pois *(Pisum)*, le pois d'Angole *(Cajanus cajan)*, le soja *(Glycine max)*, le pois chiche *(Cicer arietinum)*, l'arachide *(Arachis hypogea)*, la vesce *(Vicia faba)* et un grand nombre d'autres espèces mineures d'intérêt plus local.

Comme les céréales, ces légumineuses ont d'assez grosses graines, raison pour laquelle elles ont été domestiquées à des fins alimentaires. Ces graines se forment à l'intérieur d'une gousse allongée, souvent charnue à l'état jeune, qui fait que beaucoup de ces espèces sont consommées à ce stade en tant que légume frais. Cependant, cela n'affecte pas les méthodes de production de semences car toutes les légumineuses donnent à maturité des graines sèches enfermées dans une gousse parchemineuse dont il est facile de les extraire par battage. Chez certaines, la gousse devient fragile et s'ouvre spontanément à maturité en libérant les graines, ce qui peut poser problème au moment de la récolte.

Les légumineuses se caractérisent par la présence de nodules sur leurs racines, dans lesquels une bactérie symbiotique du genre *Rhizobium* fixe l'azote de l'air. Cette propriété est extrêmement précieuse et largement exploitée en agriculture en tant que source d'azote organique dans le sol, mais par contre les réactions biochimiques correspondantes absorbent une part non négligeable de l'énergie de la plante. C'est pour cette raison, qu'en règle générale, les légumineuses ont des rendements moins élevés que ceux des céréales, toutes conditions égales par ailleurs. Malgré cela, elles sont très importantes du point de vue nutritionnel car elles constituent l'une des principales sources de protéines de notre alimentation. Alors que toutes les céréales sont des cultures herbacées annuelles, les légumineuses présentent toute une gamme de types de plantes, y compris des arbustes, ainsi qu'une grande variété d'usages.

Étant donné la grande taille de leurs graines, les légumineuses ont un taux de multiplication (TM) assez faible et nécessitent pour la même raison des doses de semis élevées. L'arachide a sans doute le TM le plus faible de toutes les grandes espèces cultivées, dépassant rarement 10 en absence d'irrigation. Une autre de leurs caractéristiques, qui affecte la production des semences, est leur testa qui est souvent fine et fragile. Pour cette raison, les graines de légumineuses doivent être manipulées avec beaucoup de soins au moment de la récolte et durant toutes les opérations de triage-conditionnement afin de minimiser les dommages dus à une meurtrissure des tissus (en cas de teneur en eau élevée) ou à une rupture de la testa (teneur en eau faible). Les semences d'arachide sont particulièrement sensibles à ce type de dégâts et c'est la raison pour laquelle elles sont généralement stockées en coques pratiquement jusqu'au semis, bien que cet emballage naturel – mais aussi très performant ! – accroisse considérablement le volume des

semences à transporter. Également, pendant leur stockage, l'énorme réserve alimentaire que constituent les graines de légumineuses est extrêmement attractive pour certains parasites tels que les charançons et les bruches. Les semences de soja sont de même très sensibles aux mauvaises conditions de stockage des environnements tropicaux. En résumé, du fait de leur grande taille, les semences de légumineuses nécessitent réellement une très grande vigilance tout au long des opérations de post-récolte et de stockage afin de préserver leur qualité.

Une autre caractéristique génétique notable est que, jusqu'à présent, très peu de variétés hybrides ont été mises au point dans ce groupe, à l'exception d'hybrides de pois d'Angole disponibles en Inde. Et cela pour deux raisons : la fécondation manuelle des fleurs de légumineuses est délicate et le nombre de graines obtenues par gousse est faible, rendant la production manuelle de ces semences hybrides très onéreuse. Par ailleurs, la plupart des légumineuses sont strictement autogames et on n'a pas identifié à ce jour dans cette famille de système génétique efficace permettant de produire des semences hybrides à grande échelle : on ne peut donc avoir recours au croisement naturel au champ.

Les oléagineux

Beaucoup de genres et d'espèces produisent des graines ayant une forte teneur en huile. À l'échelle mondiale, les principales cultures oléagineuses annuelles sont le soja, l'arachide, le maïs, le tournesol, diverses brassicacées (colza, moutarde, canola, etc.), le ricin, le sésame et le coton[18]. Du fait de cette grande diversité, les graines oléagineuses n'ont guère de caractéristiques communes du point de vue de la production de semences, hormis leur haute teneur en huile qui fait qu'elles se conservent moins longtemps que les semences riches en hydrates de carbone.

Le tournesol est une espèce allogame qui est un bon exemple des progrès considérables obtenus grâce aux variétés hybrides. Les anciennes variétés étaient extrêmement hétérogènes, très hautes (près de 3 mètres) et produisaient un très grand nombre de feuilles avant de former leur capitule terminal, avec pour conséquence un index

---

[18] À cette liste il faut ajouter le palmier à huile qui, avec l'huile de palme et l'huile de palmiste, représente à lui seul plus du tiers de la production mondiale d'huile d'origine végétale (NdT).

de récolte très faible. De plus, les dégâts dus aux oiseaux posaient un problème majeur en raison de l'étalement de la maturité. Tout cela en faisait une culture peu productive et difficile à conduire. Au contraire, les hybrides F1 actuels sont compacts, avec des hauteurs de l'ordre du mètre, et leur floraison est parfaitement groupée ce qui facilite beaucoup leur récolte.

Le système de production des hybrides repose sur la stérilité mâle du parent femelle dont les capitules sont ensachés afin d'éviter toute pollinisation indésirable par les insectes (Figure 39). Le pollen est recueilli sur le parent mâle puis appliqué sur les fleurs femelles à l'aide d'un tampon en tissu. Bien que cela s'effectue manuellement, le grand nombre de graines hybrides que l'on peut obtenir sur chacun des capitules femelles rend le coût acceptable. Il est aussi possible de produire ces semences hybrides à grande échelle, comme pour le maïs, en alternant des rangs de femelles mâle-stériles et de mâles pollinisateurs. Mais cette technique nécessite un très bon isolement afin de réduire les croisements non souhaités dus aux insectes. Il est en outre recommandé de placer des ruches dans le champ de production de semences de façon à améliorer la pollinisation.

Figure 39. Production manuelle de semences hybrides de tournesol : les capitules sont ensachés pour empêcher la pollinisation par les insectes (à gauche) et le pollen est appliqué à la main à l'aide de tampons en tissu (à droite).

Le sésame *(Sesamum indicum)* est très cultivé sous les tropiques, tout particulièrement dans les zones sèches, du fait de son aptitude à valoriser l'humidité résiduelle du sol après la saison des pluies. Bien que de petite taille, ses graines produisent une huile d'excellente qualité et sont également utilisées entières en pâtisserie et confiserie. Il s'agit donc d'une culture extrêmement appréciée mais qui n'a cependant pas fait l'objet de beaucoup de travaux de la part des sélectionneurs. Les gousses qui se forment tout au long de la partie terminale de la tige contiennent un très grand nombre de graines qui font que le taux de multiplication est très élevé et la production de semences facile. Et comme il n'existe pas de semences hybrides pour cette culture, les agriculteurs font appel presque exclusivement au marché informel pour leur approvisionnement en semences. Le principal problème de cette culture, tant pour la production des semences que pour la production de grains de consommation, est la déhiscence des gousses avant maturité. À cause de cela, la culture est généralement fauchée, puis mise en tas ou bottelée avant le battage, ce qui permet de réduire les pertes par égrenage (Figure 40). La sélection travaille à l'obtention de variétés non déhiscentes mais qui ne sont pas encore très diffusées.

Figure 40. Sésame fauché et mis en botte pour le séchage avant battage.

Les plantes fourragères et prairiales

Les surfaces fourragères issues de semis ont été l'exclusivité des zones tempérées pendant des centaines d'années. Elles reposent sur un petit nombre d'espèces de graminées et de légumineuses, souvent cultivées en mélange, et qui sont pour la plupart des formes améliorées des espèces composant les prairies naturelles. Étant donné que ces espèces fourragères tempérées ne poussent pas pendant l'hiver, il est nécessaire d'en faire des réserves sous forme de foin ou d'ensilage. Dans les zones tropicales, les animaux d'élevage sont généralement laissés à pâturer, toute l'année durant, sur des espaces naturels ou sur les résidus de récolte des parcelles cultivées. Il s'agit là de systèmes d'exploitation assez peu productifs. Mais depuis environ une quarantaine d'années on s'est intéressé à la sélection des graminées et des légumineuses tropicales en vue d'une production plus intensive, la récolte étant généralement fauchée et apportée aux animaux maintenus en parcs. Cet affourragement en vert permet d'augmenter le niveau de la production laitière et la vitesse de croissance, et cela plus particulièrement pour les espèces animales de grande taille comme les bovins. Par ailleurs, cette technique facilite la récupération du fumier pour l'épandre dans les parcelles cultivées.

Les recherches conduites en Australie, au Brésil, en Colombie et au Kenya sur les graminées et légumineuses tropicales ont débouché sur une liste d'espèces très largement adoptées (Tableau 10). Certaines sont plus adaptées aux tropiques humides alors que d'autres conviennent mieux aux climats plus arides. Cependant, l'amélioration génétique de ces plantes fourragères demeure limitée, et résulte essentiellement de l'exploitation de la variabilité naturelle existant au sein de ces espèces. Même quand on leur attribue un nom de variété afin de pouvoir les identifier, ces variétés demeurent assez hétérogènes et d'ailleurs leur homogénéité n'est pas une priorité. En revanche, il faut souligner que ces espèces et variétés ont été évaluées, non seulement pour la biomasse totale qu'elles sont capables de produire, mais aussi pour leur appétence et leur digestibilité car il peut arriver que certaines graminées soient extrêmement productives mais avec une valeur alimentaire limitée.

Étant donné que les cultures fourragères sont généralement pérennes, les agriculteurs peuvent exploiter leurs surfaces fourragères semées pendant plusieurs années. Dans le cas des graminées, ils ont aussi la possibilité de diviser les touffes établies pour les replanter dans une nouvelle

Tableau 10. Principales espèces fourragères adaptées aux conditions tropicales.

Nom botanique et noms vernaculaires	Principales qualités en tant que fourrages	Caractéristiques de la production de semences
Brachiaria brizantha (Brizantha, palisade grass, beard grass)	Graminée à très bonne valeur alimentaire, bien acceptée par le bétail; peut provoquer des problèmes de photosensibilisation chez les moutons, les chèvres et les jeunes bovins	Rendement : 500 à 1 000 kg/ha; récolte le plus souvent effectuée par balayage mécanique du sol; les semences nouvellement récoltées sont très dormantes et doivent être scarifiées pour améliorer leur germination
Brachiaria decumbens (Decumbens, Signal grass, Surinam grass)	Très résistante au surpâturage et bien adaptée aux sols les plus pauvres mais sa faible productivité en semences en limite l'utilisation	Faible rendement en semences; semences très dormantes qui nécessitent un traitement à l'acide ou un très long stockage pour pouvoir germer
Panicum maximum (Panic maximal, herbe fataque, mil de Guinée, grand mil, herbe de Guinée)	Végétation haute, très appétente et nutritive; ne supporte pas le surpâturage; parfaitement adaptée à l'affourragement en vert	Rendement : 200-300 kg/ha en récolte mécanique mais 700 à 1 000 kg/ha en récolte manuelle
Chloris gayana (Herbe de Rhodes, Rhodes grass) Nombreux cultivars	Appréciée à l'état jeune; facile à cultiver; adaptée à une grande gamme de sols; moyennement tolérante au surpâturage	Rendement : 300-800 kg/ha; récoltée mécaniquement en Australie mais manuellement partout ailleurs
Cenchrus ciliaris (Cenchrus cilié, blue buffalo grass, buffel grass)	Persistante, tolérante à la sécheresse et largement adaptable mais lente à s'implanter ; redoute les sols humides ou lourds; graines duveteuses et difficiles à semer	Rendement : 150 à 500 kg/ha selon les cultivars et les sols
Stylosanthes spp Plusieurs espèces apparentées sont utilisées : *S. hamata*, *S. scabra*, and *S. guianensis* (Stylosanthes, Stylo, luzerne tropicale, luzerne du Brésil)	Toutes ces espèces sont très tolérantes à la sécheresse et poussent dans les sols peu fertiles; la légumineuse fourragère tropicale la plus utilisée	Rendement : 500 à 1 000 kg/ha; semences récoltées le plus souvent par balayage du sol; très forte proportion de «graines dures», scarification nécessaire pour la germination

parcelle. Ainsi, l'introduction initiale dans une collectivité rurale d'une nouvelle espèce ou variété au moyen de semences peut ensuite très largement diffuser grâce à la multiplication végétative. Il s'agit en fait d'un très bon système de vulgarisation même s'il peut par ailleurs réduire dans une certaine mesure la demande en semences. Cela dit, le commerce des semences fourragères s'est significativement développé dans un certain nombre de pays tropicaux permettant à quelques agriculteurs entreprenants de devenir des petits producteurs de semences.

Les espèces tropicales à vocation fourragère et de pâture n'ont été domestiquées qu'assez récemment et nombre d'entre elles ont conservé quelques caractéristiques gênantes de leurs ancêtres sauvages. Certaines semences ont une dormance dont le comportement est très complexe et peuvent refuser de germer pendant très longtemps, même placées dans des conditions favorables. Il s'agit d'une stratégie de survie très utile en conditions naturelles mais qui pose beaucoup de problèmes en matière d'assurance qualité et de commercialisation s'il s'avère qu'une faible proportion seulement des semences germe après semis. Dans le cas des graminées (par exemple, *Brachiaria* spp.), cette dormance a une base essentiellement physiologique alors que chez les légumineuses elle est principalement due à une testa extrêmement résistante qui limite l'absorption de l'eau et le développement de l'embryon. Si l'on observe un faible taux de germination dans un lot de semences de légumineuses apparemment de bonne qualité, il faut toujours avoir en tête qu'il s'agit probablement d'un problème de graines dures qui peut être corrigé par une scarification de la testa à l'aide d'une surface abrasive afin de la rendre moins coriace. Des scarificateurs mécaniques ont d'ailleurs été mis au point à cet effet mais qui doivent être utilisés avec beaucoup d'attention afin de ne pas risquer d'endommager l'embryon.

La récolte mécanique en un seul passage de grandes surfaces de production de semences fourragères est toujours une opération critique car la maturité de ces cultures est beaucoup plus étalée que dans le cas des céréales : avec une récolte trop précoce beaucoup de graines seront immatures ; si elle est trop tardive, une grosse partie des semences sera déjà tombée au sol et perdue. Il faut donc beaucoup d'expérience et de jugement pour bien décider de la date optimale pour la récolte. À cela s'ajoutent les risques climatiques, une forte pluie pouvant en un instant faire verser la culture. Dans le cas spécifique des légumineuses fourragères, les gousses s'ouvrent spontanément à maturité ce qui rend la récolte mécanique délicate et peut provoquer de grosses pertes de graines. Une solution consiste à laisser la culture mûrir et grainer naturellement à terre pour ensuite récolter les graines par balayage ou aspiration de la surface du sol. Cette technique, qui n'est bien sûr applicable que si la saison de récolte est suffisamment sèche, offre en prime une grosse quantité de poussières et de débris qui devront être ensuite éliminés. Cependant, à condition de disposer d'un matériel de nettoyage adapté, cette méthode conduit à d'excellents rendements en semences. Compte tenu de tous les problèmes que pose la mécanisation de ces productions, il est souvent plus avantageux de recourir à des passages manuels, sans doute pénibles, mais qui permettent de récolter une quantité maximale de semences de bonne qualité. La figure 41 donne un exemple de récolte manuelle de semences de graminées fourragères.

Les cultures fourragères présentent l'avantage de pouvoir être exploitées pour nourrir les animaux pendant une partie de l'année, à l'issue de laquelle on leur laissera le temps de se développer, fleurir et produire des graines. Grâce à cela, l'agriculteur n'a plus à se contenter du seul revenu apporté par les semences ; celui-ci apparaît comme un bonus s'ajoutant à la production de fourrage qu'il aura soit utilisé pour lui-même, soit vendu. Ce type de technique est couramment appliqué aux cultures fourragères des zones tempérées : les animaux ont le droit de pâturer le champ de porte-graines jusqu'à une certaine date après laquelle les plantes auront le temps de se développer et monter à graines ; il s'agit en fait d'une culture à double fin, parfaitement programmée. Pour résumer, la production des semences fourragères est beaucoup plus complexe que celle des céréales et autres cultures à graines ; cependant, avec une formation leur apportant les éléments de base, des petits agriculteurs peuvent s'engager dans cette voie et devenir de très bons producteurs de semences fourragères.

Le nettoyage-triage-conditionnement et la commercialisation des semences fourragères, et en particulier des graminées, présentent certaines difficultés dues aux énormes quantités de débris mélangées au produit de la récolte. De plus, les semences se présentent souvent sous forme de grappes ou d'épillets difficiles à séparer. La structure florale complexe de certaines espèces fait que l'on obtient des lots de semences extrêmement volumineux par rapport à leur contenu réel en graines, avec pour conséquence une pureté très inférieure à celle des autres espèces : parfois moins de 50 %, voire moins. Cela est pris en compte pour les normes minimales de pureté légales (là où elles existent) ainsi que pour les normes de germination en relation avec les

Figure 41. Récolte manuelle de semences d'une graminée fourragère tropicale.

problèmes de maturité et de dormance à la récolte. Du fait qu'elles sont de plus grande taille, les semences des légumineuses fourragères posent moins de problèmes une fois récoltées, mis à part comme signalé plus haut, qu'elles présentent une forte proportion de graines dures.

Les semences fourragères sont également utilisées pour améliorer la productivité des sols tropicaux plus ou moins arides, mais dans ce cas l'aspect de l'écologie des semences prime largement sur la technologie des semences. L'objectif est de maintenir le capital semencier naturel de chaque sol, en ayant recours le plus souvent à des écotypes bien adaptés d'espèces indigènes afin d'optimiser leurs chances de survie et de dispersion naturelle. Quand elles sont combinées à une bonne gestion du pâturage, car il s'agit le plus souvent de surfaces communautaires, ces pratiques permettent d'améliorer les performances des productions animales.

Les cultures industrielles

On entend par cultures industrielles les productions dont la récolte est vendue à un transformateur par opposition à celles mises sur le marché et cédées au plus offrant. En réalité, cette distinction est ambigüe car des produits comme le riz ou le blé peuvent faire l'objet

de transformations (décorticage, écrasement) le plus souvent réalisées avec des moyens mécaniques. Ce qui caractérise les cultures industrielles du point de vue de l'approvisionnement en semences est qu'il existe une relation commerciale directe entre l'industriel et l'agriculteur, prenant le plus souvent la forme d'un contrat dans lequel le transformateur s'engage à acheter la totalité de la récolte. Ce dernier a alors intérêt à fournir les semences pour s'assurer que les agriculteurs produisent la variété souhaitée, éventuellement en leur consentant un crédit qui sera récupéré en déduisant le coût des semences du prix payé au moment de la livraison de la récolte. Ainsi, les industriels deviennent souvent distributeurs et même producteurs de semences. C'est le cas des orges de brasserie pour lesquelles les malteurs ont besoin de lots importants de la même variété et poussent donc à l'utilisation des variétés qu'ils souhaitent en fournissant les semences. Il en est de même pour le soja destiné à la transformation industrielle en lait.

Le coton est un excellent exemple de culture industrielle tropicale car il doit être égrené pour séparer deux coproduits : d'un côté les fibres, de l'autre les graines qui seront ensuite écrasées pour en extraire l'huile. Cette opération ne peut, dans la pratique, être effectuée manuellement, ce qui supprime l'option des semences autoproduites sur l'exploitation. Les semences doivent donc passer par une égreneuse ou par une entreprise semencière spécialisée disposant de cet équipement. Cependant, les graines demeurent très pelucheuses à la sortie de l'égrenage standard, ce qui n'est pas idéal pour le semis. Pour pouvoir les utiliser en tant que semences il est généralement nécessaire de les délinter, c'est-à-dire de les brasser dans un tambour plongé dans un bain de vapeur d'acide sulfurique, afin de brûler les restes de fibres (le lint) encore adhérents à la graine. Leur surface est alors lisse ce qui permet de les semer avec un semoir mécanique.

La conduite de la culture cotonnière illustre bien quelques aspects importants des cultures industrielles et des techniques de production des semences. La qualité de la fibre, et tout particulièrement l'homogénéité de sa longueur, est une caractéristique commerciale essentielle. Pour la garantir, la pureté variétale doit être préservée depuis le champ et tout au long des opérations que subit la graine pour devenir une semence prête à être semée pour la culture suivante. Mais pour fonctionner, une unité d'égrenage exige de grandes quantités du produit à traiter et il est donc recommandé (et même impératif) que la même variété soit cultivée sur une surface importante et bien délimitée (classiquement appelée secteur cotonnier) afin de prévenir tout risque de mélange variétal. Au sein de chacun de ces secteurs de production, une petite surface peut être dévolue à la production des semences de la variété : les premières générations (pré-bases) y sont cultivées au sein de la parcelle de production des semences de base, elle-même entourée par les productions de semences certifiées. Ce dispositif empêche toute contamination des semences élites par du pollen étranger sous réserve de bien séparer les générations au moment de la récolte. Il faut également être très vigilant au moment de l'égrenage pour éviter un mélange de variétés à ce stade. L'idéal étant que des machines soient spécifiquement affectées à la préparation des semences afin de réduire ce risque.

Les variétés hybrides de coton se sont développées en Inde à partir des années 1990 et ont contribué à faire évoluer l'industrie des semences indienne. La production de ces semences hybrides implique les opérations suivantes :
– la castration manuelle des fleurs du parent femelle par élimination des anthères le jour précédent l'épanouissement des fleurs ;
– le recouvrement du stigmate des fleurs femelles pour prévenir toute fécondation accidentelle par des insectes ;
– la collecte des fleurs mâles sur le parent mâle cultivé sur une parcelle séparée ;
– la pollinisation manuelle des fleurs du parent femelle avec le pollen du parent mâle ;
– le recouvrement du stigmate pollinisé pour éviter toute pollinisation ultérieure ;
– l'élimination sur les plantes femelles de toutes les fleurs ouvertes et non castrées (pour éviter la production de graines issues d'autofécondations et donc non-hybrides).

Ces opérations demandent une main-d'œuvre importante étant donné que chaque fleur pollinisée ne produit qu'un nombre réduit de graines. Jusqu'à aujourd'hui, ce mode de production est demeuré principalement indien, mais de nombreuses entreprises du pays se sont engagées dans la production de coton hybride, entraînant un renforcement substantiel du secteur semencier privé.

Le cycle de développement du coton est assez long et cette culture apprécie les températures plutôt élevées. Les semis précoces sont donc souvent nécessaires mais peuvent alors être confrontés à des sols froids dans les régions tempérées ou à des sols ennoyés dans les zones tropicales. C'est pourquoi divers tests de vigueur ont été spécifiquement mis au point pour les semences de coton.

Les arbres et autres espèces d'agroforesterie

La récolte des semences d'arbres forestiers est une activité très particulière, généralement confiée à une structure officielle, office des forêts ou département forestier, dépendant d'un ministère. Ces services gèrent le plus souvent des pépinières produisant de jeunes arbres destinés à la vente. En règle générale, il est rare que des agriculteurs s'impliquent directement dans la production de semences d'arbres ou d'arbustes. Cependant, l'émergence dans les pays tropicaux de systèmes d'exploitation agro-forestiers s'est traduite par la recherche de nouvelles espèces, principalement de légumineuses ligneuses à croissance rapide, communément appelées arbres polyvalents. Ces plantes présentent pour les systèmes agricoles mixtes l'avantage de fixer l'azote de l'air et de stabiliser les sols tout en fournissant dans le même temps une ressource alimentaire pour les animaux, de l'engrais vert, un ombrage, du bois de feu et du matériel de construction. Les principaux genres ayant vocation à ce type d'utilisation sont, entre autres : *Calliandra*, *Gliricidia*, *Leucaena* et *Sesbania*. Les besoins en semences correspondants sont assez faciles à satisfaire au niveau local étant donné que ces plantes, une fois bien établies, fleurissent et mettent à fruit de manière assez prolifique avec cependant des phénomènes de graine dure et de dormance qui peuvent poser problème.

Les plantes potagères

Les plantes potagères constituent de loin le groupe le plus vaste à la fois en termes de nombre d'espèces cultivées et de types de production. Contrairement aux céréales, légumineuses à graines et oléagineux abordés précédemment, ces plantes sont cultivées pour leurs parties végétatives : racines, bulbes, feuilles et tiges ou pour leurs fruits charnus. Les légumes contribuent ainsi à rendre notre alimentation beaucoup plus diverse et attractive en étant en outre une source essentielle de minéraux et de vitamines. Bien qu'il s'agisse pour la plupart de produits frais avec une assez forte teneur en eau, les racines, bulbes et tubercules sont des organes de réserve naturels et peuvent se conserver plusieurs mois à condition de les stocker dans de bonnes conditions.

Les principales familles de plantes potagères sont : les Alliacées, les Chénopodiacées, les Composées, les Crucifères, les Cucurbitacées, les Solanées et les Ombellifères ; toutes, la première mise à part, sont des dicotylédones. Il faut ajouter à cette liste les nombreuses légumineuses dont les gousses sont consommées à l'état immature en tant que légume vert. Au sein de ces familles, on peut identifier deux grands groupes d'espèces faisant l'objet de commerce : celles qui sont originaires des zones tropicales et donc bien adaptées aux températures élevées ; et celles provenant des régions tempérées qui apprécient des conditions plus fraîches et qui, sous les tropiques, sont le plus souvent cultivées en altitude. Pratiquement toutes les espèces potagères offrent un très large éventail variétal qui permet de répondre aux besoins très diversifiés des producteurs en termes de cycle et de saison de production et aussi aux préférences des consommateurs concernant la taille, la couleur, la saveur, etc. Du fait de ce très grand nombre d'espèces et de variétés, l'approvisionnement en semences relève plus souvent du commerce international que des producteurs locaux. On peut aussi classer dans la même catégorie que les légumes feuilles un grand nombre de plantes aromatiques et de fines herbes dont pour certaines (comme la coriandre) on consomme également les graines.

À côté des espèces potagères bien connues et cultivées dans le monde entier, il existe des légumes régionaux mais qui sont très importants pour l'alimentation des communautés locales, comme par exemple de très nombreux légumes-feuilles appartenant aux genres *Amaranthus*, *Cleome* ou *Ipomea*. Généralement, ces espèces sont parfaitement adaptées aux conditions climatiques locales, fleurissent et viennent à graines rapidement. Cultivées sur des surfaces limitées, elles sont traditionnellement multipliées et conservées au niveau de la famille ou de la collectivité et ne font l'objet que d'échanges commerciaux très limités. Cependant, il est tout à fait possible d'améliorer rapidement ces espèces d'intérêt local au moyen de programmes de sélection simples mais bien conduits. Ceci fait, il devrait être possible, tout en préservant leur spécificité, de les commercialiser plus largement de telle sorte que les avantages apportés par la sélection puissent avoir un plus grand impact. Mais un tel changement d'échelle est souvent difficile à réaliser faisant que ces espèces mineures et d'intérêt local demeurent non améliorées et deviennent des espèces orphelines.

Pour les cultures potagères, le produit récolté pour la consommation n'est pas la graine parvenue à maturité, ce qui fait que la production de semences est une activité totalement à part. De plus, si les variétés de légumes ont été sélectionnées en vue d'une multitude d'utilisations culinaires et de recettes, basées sur la saveur, la forme ou la couleur, leur rendement en semences a rarement été un critère de sélection.

Le potentiel de production de semences de ces variétés est donc très inégal et dans certains cas il peut même être extrêmement bas. De plus, pour certains légumes-fruits comme la tomate ou le melon, la production de graines a même été volontairement contre sélectionnée pour obtenir un fruit plus charnu.

Les techniques de production des semences

Les fruits des espèces potagères ont une structure extrêmement variable mais produisent généralement en grand nombre des graines de petite taille. Le taux de multiplication des semences est donc élevé et le plus souvent deux générations à partir des semences souches suffisent à produire les quantités nécessaires à la commercialisation. De plus, les doses de semis à l'hectare sont très faibles car les productions légumières sont généralement issues de plants repiqués ce qui optimise l'utilisation des semences (une semence donne un plant). Seules les légumineuses font exception avec un faible taux de multiplication du fait de leurs grosses graines.

Chez les cucurbitacées le fruit est laissé sur la plante jusqu'à sa complète maturité et les graines récupérées facilement, manuellement ou mécaniquement. Dans le cas des citrouilles, courges et potirons, le fruit tend à se dessécher à maturité ce qui permet d'extraire les graines de la masse fibreuse par un simple grattage. Le fruit des melons et concombres demeure au contraire très juteux et il est nécessaire de recourir à un procédé d'extraction par voie humide pour séparer les graines des tissus auxquels elles adhèrent. On retrouve cette même diversité chez les solanées, où les poivrons (et tout particulièrement les piments forts) se dessèchent à maturité ce qui facilite l'extraction des graines (avec le risque cependant de se brûler les yeux !) tandis que pour les tomates et les aubergines, il est nécessaire de passer par un processus d'écrasement et de lavage à grande eau pour obtenir des graines propres (Figure 42). À l'échelle de l'exploitation familiale il est donc facile d'extraire et de conserver les graines de ces espèces pour les réutiliser en tant que semences, sauf bien sûr s'il s'agit de variétés F1 qui ne se reproduisent pas à l'identique.

Les graines des légumineuses sont faciles à récolter par simple battage des gousses qui sont devenues sèches et friables à maturité. Bien qu'appartenant à une famille différente, les gombos ou okras se comportent de la même façon : leur gousse charnue finit par s'allonger et se dessécher ce qui facilite la récolte de leurs graines (Figure 43).

Figure 42. Extraction des semences de tomate.

Figure 43. Gousses de gombo à maturité.

◗ Les espèces potagères des régions tempérées

La plupart des légumes-feuilles et légumes-racines cultivés sous les tropiques sont originaires des régions tempérées. Ils sont parfaitement adaptés aux cycles saisonniers que l'on trouve sous les latitudes élevées où les plantes font leur croissance végétative durant la première année ou saison de culture puis deviennent dormantes à l'automne. Pour redémarrer et fleurir l'année (ou la saison) suivante ces plantes, dites bisannuelles, doivent subir une période de basses températures, baptisée vernalisation, qui agit comme une sorte d'interrupteur faisant basculer la plante dans le mode floraison. Quand la végétation reprend au printemps, les apex végétatifs croissent rapidement, puis montent à fleur en avril ou mai pour mettre à graines en juin ou juillet (sur la base des saisons de l'hémisphère nord). Étant donné que ces plantes sont cultivées pour leurs feuilles ou leurs racines, les producteurs ne souhaitent pas les voir fleurir et grainer en première année (saison) car cela réduit leur rendement : cette montée à graines indésirable (*bolting* en anglais) se fait en effet au détriment des stocks accumulés dans les organes de réserves qui constituent le produit commercial.

Un grand nombre d'espèces de toute première importance ont ce comportement bisannuel : les choux, les betteraves et aussi les légumes-racines comme les carottes et les navets. Compte tenu de cela, comment produire en conditions tropicales les semences de ces espèces ? La réponse est simple : cela n'est pas possible à l'échelle commerciale et justifie donc l'existence d'un marché mondial. Les semences sont produites dans les régions tempérées, nord et sud, puis expédiées pour la vente vers les régions tropicales. Des solutions alternatives peuvent être développées dans les pays disposant de zones cultivables en haute altitude comme l'Éthiopie, le Kenya ou le Sri Lanka. Cependant, les climats de ces régions d'altitude tendent à être pluvieux et humides, et sont donc peu favorables à la floraison et carrément défavorables aux récoltes : aussi, quoique la production de semences y soit techniquement possible, les résultats sont aléatoires et incompatibles avec une production à grande échelle de semences de haute qualité.

Il est possible de sélectionner des variétés moins exigeantes en vernalisation et fleurissant sans problème sous les basses latitudes. Cela a été fait pour plusieurs espèces, en particulier pour le chou-fleur qui est très apprécié dans les zones tropicales. Cependant, ces variétés sélectionnées pour leur floraison rapide et leur absence de dormance souffrent d'une qualité marchande inférieure du fait de leur moins bonne conservation au champ une fois la maturité atteinte. Il apparait ainsi que les tentatives faites pour réduire ou échapper aux exigences de la vernalisation se sont révélées contre productives sur l'aspect qualité du produit récolté. Il est intéressant de noter que l'inaptitude des variétés à fleurir en conditions tropicales peut se transformer en avantage : c'est le cas par exemple de certaines variétés de choux cabus ou de choux de Milan qui poursuivent sans discontinuer leur croissance végétative fournissant ainsi un apport régulier de feuilles consommables.

L'oignon (Figure 44) est une espèce particulièrement intéressante en ce qui concerne la production de semences parce que sa physiologie complexe réagit aux températures et à la durée du jour et contrôle tout à la fois la formation du bulbe, son aptitude à la conservation ainsi que sa montée à fleur. Il en résulte que les variétés d'oignon doivent être adaptées aux latitudes sous lesquelles elles sont cultivées et qu'elles ne peuvent pas former des bulbes ou fleurir correctement si on les transfère dans des régions ayant des longueurs de jour et des cycles de températures différents. De plus, si l'on produit directement des semences sans passer par la phase de formation du bulbe, il n'est plus possible de pratiquer une quelconque sélection pour l'aptitude à la conservation et cette caractéristique peut se dégrader très rapidement au cours des cycles successifs de multiplication. Au pire, la sélection des plantes à floraison précoce tendra à transformer le matériel en une espèce annuelle qui ne produira que des bulbes médiocres et se conservant mal. Ce constat illustre le conflit fondamental qui oppose chez beaucoup d'espèces potagères l'amélioration de la qualité du produit de consommation aux exigences de la production des semences.

Les hybrides F1

Le prix relativement élevé et les faibles doses de semis qui caractérisent les semences potagères font que ces espèces ont été des cibles prioritaires pour la création de variétés hybrides F1. La plupart des grandes espèces légumières sont aujourd'hui principalement disponibles sous la forme d'hybrides protégés et cette tendance a eu de profondes répercussions sur le commerce international. Il est encore possible de trouver les anciennes variétés-populations mais les sélectionneurs ne les ont pas améliorées significativement de telle sorte que leur qualité et leur prix demeurent relativement bas. Bien que le prix des semences F1 soit comparativement nettement plus élevé, les agriculteurs produisant

Figure 44. Productions de semences d'oignon : à petite échelle, au Niger (en haut) et à grande échelle au Sri Lanka (en bas).

Tableau 11. Production de semences hybrides chez deux espèces de légumes-fruits.

Espèce	Mode de reproduction	Méthode de production des semences hybrides	Méthode d'extraction et de préparation des semences
Tomate	Espèce autogame ; le risque de pollinisation croisée est faible ; les lignées mâles et femelles peuvent être cultivées à proximité l'une de l'autre.	1. Castrer toutes les fleurs sur le parent femelle en ôtant les pétales et les étamines juste avant l'éclosion des fleurs ; éliminer toutes les fleurs déjà ouvertes. 2. Collecter le pollen sur le parent mâle à l'aide d'un vibreur ; le pollen peut, si nécessaire, se conserver quelques jours au frigidaire. 3 Polliniser le parent femelle manuellement.	1. Écraser les fruits mûrs et rassembler la pulpe dans un bac ; la laisser fermenter durant 24-48 heures en fonction de la température ambiante (voir Figure 42). 2. Laver et passer au tamis : la pulpe surnage et les graines sédimentent ; on peut faire agir une solution acide pendant quelques instants avant le lavage pour faciliter la séparation des grains et de la pulpe. 3. Essorer la masse des semences et l'étaler en une fine couche pour la faire sécher au soleil ; la frotter fréquemment à la main pour éviter que les graines ne se collent les unes aux autres.
Melon et concombre	Espèces allogames avec des fleurs unisexuées sur la même plante ; les fleurs sont grandes et faciles à manipuler.	1. Cultiver le parent femelle en isolement ; ôter chaque jour toutes les fleurs mâles des plantes femelles avant leur ouverture. 2. Cueillir les fleurs mâles déjà épanouies sur le parent mâle et les mettre à sécher pour qu'elles libèrent leur pollen. 3. Polliniser les fleurs femelles manuellement et les ensacher pour empêcher toute fécondation ultérieure par les insectes.	1. Écraser le fruit entier ou extraire manuellement la masse des graines par grattage dans un bac ; ajouter un peu d'eau ; laisser la pulpe fermenter durant 24 heures. 2. Agiter vigoureusement la pulpe à l'aide d'un jet d'eau sous pression pour finaliser le nettoyage : les semences sédimentent au fond du bac tandis que la pulpe et les fibres flottent et peuvent être éliminées par écrémage. 3. Étendre les semences pour qu'elles se ressuient et sèchent naturellement.

pour la vente considèrent désormais, sur la base de leur expérience, qu'il s'agit là d'un investissement rentable, d'autant plus qu'ils peuvent partager le sachet de semences : ils réduisent ainsi leur coût tout en disposant, sans pratiquement aucune perte, du nombre exact de plants dont ils ont besoin. Bien sûr, les agriculteurs doivent être conscients des risques liés à l'autoproduction de semences à partir de variétés F1 comme cela a été exposé au chapitre 2.

Les espèces potagères fournissent des exemples, nombreux et variés, de techniques de production de semences hybrides ; chaque technique exploitant quelques aspects particuliers de la biologie florale ou du mode de reproduction de l'espèce considérée. Le tableau 11 présente la séquence des différentes étapes nécessaires à la production de semences de légumes à une échelle commerciale ; on constatera que cette suite d'opérations est sensiblement plus compliquée que dans le cas des céréales. Au niveau du terrain, ces productions sont généralement réalisées sur la base d'un contrat liant la société propriétaire de la variété hybride à l'agriculteur, ce dernier pouvant, le cas échéant, bénéficier d'une formation spécifique. La production des semences hybrides doit être en effet extrêmement bien encadrée de façon à éviter les autofécondations, toujours moins vigoureuses, qui viendraient polluer les semences F1.

La production sous contrat de semences hybrides de potagères pour le compte des semenciers internationaux offre de nombreuses opportunités aux agriculteurs et entreprises des pays tropicaux en leur permettant de devenir des partenaires du marché mondial des semences. Les quantités nécessaires sont souvent relativement faibles et ces productions sont très exigeantes en main-d'œuvre si l'on veut parvenir à un bon rendement : il est en général assez facile de répondre à ces contraintes dans les pays tropicaux. Les semences de fleurs présentent des opportunités similaires, avec encore un bien plus grand nombre d'espèces et de variétés, et des lots de semences d'encore plus petite taille. Ces marchés présentent de très nombreuses niches qui peuvent être exploitées au bénéfice partagé des producteurs et des acheteurs. Nous aborderons quelques aspects du commerce international des semences dans le dernier chapitre.

9. Aspects nationaux et internationaux de la distribution des semences

Comme cela a été dit au chapitre 1, de nombreux gouvernements de pays tropicaux ont, au début des années 1970, lancé des programmes nationaux semenciers pour tenter d'améliorer l'accès des agriculteurs aux variétés nouvelles. Des financements ont été obtenus auprès de bailleurs de fonds internationaux pour développer les principales composantes de l'approvisionnement en semences en investissant dans la production, les installations de nettoyage-triage-conditionnement et de stockage, tout cela appuyé par la mise en place de systèmes de contrôle de la qualité, de cadres réglementaires et d'importants efforts de formation. Ces programmes ont été mis en œuvre par, ou en étroite collaboration avec, les gouvernements des pays hôtes, qui ont fourni eux-mêmes les voies et moyens classiques de l'aide au développement à cette époque. Les grandes fermes semencières étatiques étaient alors la règle et le secteur privé n'était impliqué qu'au travers des agriculteurs engagés en tant que multiplicateurs sous contrats. Ce modèle de développement fonctionnait donc sur un mode hiérarchique *top-down* (descendant) basé sur des décisions administratives et des financements externes, en complète opposition avec les origines de l'industrie semencière dans la plupart des pays tempérés qui s'est progressivement développée, sur plus d'un siècle, en partant des besoins du terrain selon un schéma *bottom-up* (ascendant).

Cette période a apporté des enseignements très utiles quant à la façon dont les activités semencières doivent être organisées au plan technique et a produit une génération de dirigeants et de techniciens bien formés, mais n'a pas réussi le plus souvent à jeter les bases d'une industrie semencière viable au plan financier. Des projets, assez généreusement financés, ont aussi contribué à établir le sentiment que des capitaux importants étaient un pré-requis indispensable pour pouvoir investir dans la distribution des semences. Avec pour résultat que la transition vers une industrie des semences plus diversifiée, ayant ses racines bien implantées dans le monde agricole, s'est avérée difficile. Le processus est en cours dans beaucoup de pays depuis le début des années 1990 et se poursuit, selon des modalités variées, avec une approche plus pas à pas du développement de l'industrie des semences.

Malgré ces évolutions, beaucoup de gouvernements sont toujours à la recherche de systèmes de distribution de semences efficaces afin d'augmenter la productivité de l'agriculture et la sécurité alimentaire. Par ailleurs, avec l'émergence des nouvelles technologies, la situation mondiale évolue vers toujours plus de variétés protégées et de sociétés multinationales avec dans le même temps une diminution de la recherche d'intérêt public. Compte tenu de ce contexte, il est indispensable de voir comment ont peut associer le plus efficacement possible l'ensemble des acteurs et parties prenantes dans un programme semencier national et comment ils peuvent s'intégrer au marché mondial des semences.

Les déterminants des programmes semenciers nationaux

Des facteurs nombreux et divers influent sur le développement des programmes semenciers et de l'industrie semencière ; parmi les plus importants on retiendra :

Le portefeuille variétal. Les variétés hybrides des grandes cultures alimentaires motivent fortement les entreprises de sélection et leur assurent un bon retour sur investissement. En revanche, si le portefeuille variétal est essentiellement constitué de céréales autogames exigeant de fortes doses de semis à l'hectare, l'activité industrielle qui en découle est beaucoup moins attractive du point de vue économique.

Les conditions agro-écologiques. Lorsque de grandes zones agricoles connaissent des conditions climatiques globalement semblables, les exigences de la demande se concentrent généralement sur un petit nombre de variétés très performantes qu'un distributeur peut assez facilement achalander ; par contre, dans un contexte agro-écologique diversifié, avec des systèmes de production plus complexes, il sera difficile à une structure nationale de bien répondre aux attentes des agriculteurs et une entreprise implantée localement sera certainement plus efficace.

Les infrastructures. Elles sont le plus souvent très liées aux conditions agro-écologiques : les grandes zones homogènes sont généralement bien équipées en moyens de transport et de communication ; au contraire, lorsque les environnements sont très variés, la topographie pose plus de problèmes et les infrastructures sont souvent moins développées.

Les systèmes de production. L'agriculture commerciale (à grande ou petite échelle) produit pour le marché et cherche à vendre la majorité de sa production en vrac à un industriel ou un négociant. Dans le cas de l'agriculture de subsistance, les agriculteurs cherchent avant tout à satisfaire leurs propres besoins, et en cas de surplus de production, le vendront sur le marché local ou l'échangeront contre d'autres biens au sein de leur communauté. Ainsi, en généralisant, on peut dire que les agriculteurs commerciaux ont une économie essentiellement monétaire et que les semences ne représentent pour eux qu'un élément, parmi d'autres, sur leur liste de courses. Au contraire, en situation d'autoconsommation, les agriculteurs ont une trésorerie très limitée et tendent à autoproduire leurs semences ou à se les procurer en faisant appel à des circuits informels.

Structures économiques et sociales. L'existence d'organisations fortes, telles que des coopératives ou des syndicats agricoles peuvent contribuer à attirer l'attention sur la production et la commercialisation des semences, souvent très liées aux autres agro-services.

Choix gouvernementaux. Les pressions pour la réduction des dépenses publiques ainsi que la conviction d'une plus grande efficacité du secteur privé ont incité les gouvernements à s'interdire toute intervention directe en matière de distribution des semences, laissant ce marché totalement ouvert aux tiers. Cependant, le plus souvent, ce retrait n'est pas complet : si les gouvernements restent en arrière-plan, ils demeurent susceptibles d'intervenir à nouveau en cas de crise, ce qui constitue une menace pour les entreprises existantes. Pour cette raison, les rôles respectifs des gouvernements et des autres acteurs de la filière semences doivent être clairement définis dans le cadre d'une politique semencière (page 193).

Les initiatives locales en matière de semences

Répartir la production de semences sur le terrain dans des unités de plus petite taille présente plusieurs avantages, en particulier :
– la réduction des coûts de transport vers et depuis l'unité de nettoyage-triage-conditionnement ;
– la distribution plus efficace des variétés qui sont localement les plus appréciées ;
– la conduite d'actions de promotion des semences au plus près des communautés et des entreprises locales ;

– la réduction des capitaux à investir et de la complexité de fonctionnement.

Par ailleurs, un groupe de petits producteurs peut difficilement mettre en place son propre système d'assurance qualité et il est intéressant pour lui de pouvoir s'appuyer sur des équipements d'analyse simples mais situés à proximité.

À côté des entreprises semencières de petite taille évoquées au chapitre 7, les schémas s'appuyant sur des organisations collectives suscitent beaucoup d'intérêt, tout particulièrement auprès des ONG qui souhaitent pouvoir approvisionner directement leurs adhérents en semences et sont donc naturellement très attirées par cette approche pour des raisons éthiques. Cependant, la viabilité à long terme de ces schémas n'est pas véritablement validée car les ONG ont tendance, du fait de leur mission première qui est de lutter contre la pauvreté, à assumer directement une partie des coûts ou à subventionner les semences qu'elles fournissent à leurs adhérents. Compte tenu des avantages, rappelés ci-dessus, que présente une production de semences au niveau local, en particulier pour la plupart des céréales et des légumineuses à graines, il est important que les sponsors et donateurs aient bien conscience de ces aides cachées et de la nécessité de faire une analyse financière rigoureuse de leurs interventions. En outre, les aides des ONG (mais aussi celles des agences gouvernementales) peuvent avoir pour effet d'entraver le développement d'initiatives privées si les règles d'une saine concurrence ne sont pas clairement établies.

Les associations d'agriculteurs-producteurs de semences et les coopératives

Il s'agit de groupes d'agriculteurs qui créent au niveau local une association dans le but de produire et commercialiser des semences. Ils acquièrent collectivement une petite unité de nettoyage-triage-conditionnement ainsi que les autres équipements indispensables. Les membres de ces associations sont généralement des agriculteurs-multiplicateurs de semences qui ont l'habitude de travailler sous contrat, produisent des semences de bonne qualité, mais sans véritable expérience de la distribution. L'idéal est donc qu'ils fassent appel à un gérant ou un vendeur pour assurer la partie commerciale de l'activité tout en faisant valoir l'aspect circuit court, d'agriculteur à agriculteur dans leur stratégie de communication. Les coopératives fonctionnent de manière similaire, même si dans le passé elles ont souvent été soumises à des interventions de la part des gouvernements. Mais, dans son principe, une coopérative appartient à ses membres, ce qui lui permet de s'intéresser à la production et à la vente de semences utiles à ses adhérents mais peu rentables pour une entreprise commerciale.

Les banques de semences communautaires

Il s'agit en général d'initiatives locales ayant plus pour objet la sécurisation de l'approvisionnement en semences que le commerce. Bien que ce concept ait été très à la mode dans les années 1990, les résultats obtenus n'ont pas été globalement très positifs. Dans sa formule la plus simple, une banque de semences consiste en un magasin de stockage bien construit dans lequel chaque agriculteur adhérent vient déposer les semences qu'il vient de récolter, étant entendu qu'il ne pourra pas les récupérer avant la saison de semis suivante. Le magasin est surveillé et géré pendant toute l'intersaison et chaque fermier est amené à verser une petite somme pour assurer les coûts de la lutte contre les parasites. Cette organisation peut être associée à des actions de vulgarisation pour promouvoir les bonnes pratiques culturales pour les champs de porte-graines de manière à sensibiliser les agriculteurs à la qualité des semences (et aussi aux nouvelles variétés si des parcelles de démonstration sont implantées dans le village). Ces approches semblent parfaites dans leur principe, mais dans la pratique leur succès repose souvent sur l'enthousiasme et la discipline d'une unique personne, le responsable choisi par la communauté, ce qui peut avoir pour effet de rendre le système extrêmement fragile.

De même, les essais de production de semences sur une base collective n'ont généralement pas été couronnés de succès car les agriculteurs ont tendance à donner la priorité à leurs propres parcelles. En conséquence, les productions de semences, qui devraient être l'objet de soins encore plus attentifs sont, dans la pratique, moins bien suivis que les productions normales.

Résumé

De très nombreux efforts ont été déployés pendant des années afin de mettre en place des schémas de production de semences à l'échelle locale. L'objectif sous-jacent, qui est de rapprocher les activités de production de semences des agriculteurs les utilisant et de les intégrer dans le système local de production, est tout à fait logique, en particulier pour les cultures les moins rémunératrices et pour les régions les plus difficiles. Une approche locale est susceptible d'être plus rationnelle économiquement et donc plus durable sur le long terme; elle offre aussi des opportunités pour que de nouveaux acteurs s'investissent dans le métier des semences et acquièrent de l'expérience. C'est ainsi que les petites entreprises semencières locales développent une inter-face entre les systèmes semenciers formels et informels (Figure 4 au Chapitre 2). Elles démarrent généralement d'une manière informelle, mais s'organisent progressivement, adoptant peu à peu les caractéris-tiques du secteur formel et deviennent ainsi un acteur à part entière de l'industrie des semences. Cependant, il est tout aussi vrai que le fait de produire localement n'est pas en soi une garantie de succès; les principes à la base de la production des semences, de la distribution et de l'assurance qualité doivent être observés et un niveau minimum de gestion commerciale doit être assuré.

Les associations nationales de semenciers

Quand une industrie semencière commerciale se développe grâce à un grand nombre d'entreprises nouvelles, il est tout à fait utile de créer une association pour les représenter et défendre leurs intérêts communs. Même si les entreprises se concurrencent très activement sur les marchés elles ont intérêt à promouvoir collectivement la notion de semences de haute qualité et à élargir leur marché global. De plus, elles peuvent souhaiter préserver leur image face aux professionnels malhonnêtes qui distribuent des semences de qualité médiocre ou qui essayent d'usurper les marques des entreprises ayant pignon sur rue. La mise en place d'une association nationale des semenciers constitue un signe fort soulignant le renforcement de l'industrie semencière et dans certains pays, elle a été financièrement soutenue par des dona-teurs en tant que catalyseur de la commercialisation.

Pour être durable sur le long terme, une telle association doit pouvoir vivre grâce aux seules cotisations de ses membres; de cette façon ces derniers seront plus enclins à participer activement et à s'assurer que le secrétariat agit bien en leurs noms. Si l'association a un grand nombre d'adhérents et sait bien communiquer, sa crédibilité en tant que représentante de l'ensemble de l'industrie semencière va néces-sairement s'accroître et elle sera consultée par le gouvernement sur tous les sujets ayant un rapport avec le secteur semencier. L'association peut également assurer le contact avec le commerce international en adhérant elle-même à une association régionale ou internationale et en participant activement à ses travaux. Grâce à cela, de petites entreprises locales peuvent se développer et produire des semences pour le compte de grandes sociétés internationales.

Les politiques et législations semencières nationales

Les législations semencières nationales des pays développés reposent le plus souvent sur des bases très similaires, mais dans beaucoup d'autres pays elles ont été élaborées en tant que composante d'un projet semencier. Dans les pires cas, les consultants qui les ont rédigées se sont contentés de changer quelques noms et détails de la législation déjà existante dans un autre pays. Avec pour conséquence que quelques unes des premières lois semencières adoptées étaient parfaitement inadaptées aux besoins d'une industrie semencière naissante. Par exemple, certaines rendaient obligatoire l'application de normes de qualité à toutes les ventes de semences ou établissaient que toutes les semences devaient être certifiées. Ce qui était clairement impossible dans des contextes où l'essentiel des échanges de semences se faisait de façon informelle et où les organismes en charge du contrôle qualité manquaient de moyens. Dans le même temps, quand elles étaient appliquées avec trop de zèle, ces législations pouvaient justifier l'engagement de procédures à l'encontre des opérateurs sur le marché, offrant des opportunités de corruption à des fonctionnaires peu scrupuleux. Cependant, malgré ces expériences négatives, il ne fait aucun doute qu'une réglementation nationale sur les semences est absolument nécessaire au développement d'une industrie semencière. Son premier objectif doit être de promouvoir l'application de normes de qualité au stade commercial plutôt que de chercher à poursuivre les contrevenants, même si cela est nécessaire dans les cas de fraudes ou d'abus manifestes.

Les gouvernements, même quand ils ne sont pas eux-mêmes directement engagés dans la production de semences, doivent cependant continuer à encadrer le développement de leur secteur semencier. Cela correspond à la nécessité, souvent exprimée, de créer un cadre réglementaire qui soit propice à l'épanouissement d'une industrie des semences diversifiée ; en d'autres termes, les gouvernements ont le devoir de créer un «jardin fertile» dans lequel de nombreuses plantes[19] peuvent se développer. Cependant, les lois et règlements sur les semences ne peuvent pas anticiper tous les problèmes, étant donné, en particulier, que certains se rapportent à des aspects peu tangibles et ne peuvent pas faire l'objet de sanctions légales. Ces questions nécessitent que la politique semencière exprime très clairement les intentions du gouvernement à l'égard du secteur semencier, de façon à garantir la cohérence des décisions officielles et à fournir des orientations à tous les autres acteurs. Une part de cette politique doit pouvoir s'appuyer sur la loi et il ne doit bien sûr exister aucune contradiction entre la politique et la loi. L'idéal serait que cette législation fasse l'objet d'une publicité suffisante, en étant par exemple facilement accessible sur un site web, rendant ainsi plus problématique toute initiative allant contre l'esprit de la loi.

La réglementation ne doit pas uniquement consister en un ensemble de directives gouvernementales mais au contraire être le produit d'un consensus entre tous les acteurs. Elle doit être préparée après une consultation approfondie de toutes les parties intéressées de façon à refléter et concilier la diversité des points de vue sur le développement du secteur semencier du pays. En fait, ce processus de consultation doit permettre de résoudre des points délicats, comme par exemple :
– la création variétale : quels moyens le pays doit-il consacrer à l'amélioration des plantes, sur quelles espèces prioritaires ;
– l'accès et la multiplication par les entreprises commerciales des variétés créées par la recherche publique ;
– la plus ou moins grande délégation des opérations de contrôle qualité aux entreprises et le prix qu'il en coûtera aux usagers.
– l'aide au développement de l'industrie semencière, grâce par exemple à des exonérations fiscales ;
– la bonne coordination des projets de développement et des interventions des ONG qui s'intéressent aux semences ;
– la reconnaissance du rôle et du statut de l'association nationale des semenciers.
– un bon équilibre entre les intérêts des agriculteurs produisant pour leurs propres besoins et ceux produisant pour la vente ;
– l'aide aux initiatives locales pour soutenir l'agriculture de subsistance ;
– l'élaboration, le cas échéant, de plans d'urgence d'approvisionnement en semences ;

---

[19] Jeu de mot sur le terme «plant» qui en anglais peut désigner un végétal mais aussi une usine (NdT).

– le développement des collaborations au niveau régional et des contacts avec toutes les instances officielles internationales.

Une fois cette réglementation adoptée, et vérification faite qu'elle est bien adaptée, elle doit être soumise à une révision continue et éventuellement amendée afin de pouvoir répondre aux conditions changeantes de l'agriculture et de l'économie. Si l'on considère les nombreux et très divers facteurs qui peuvent affecter le développement d'un programme semencier, comme le montre la figure 45, la meilleure méthode pour assurer cette fonction est de la confier à un « organe suprême » de l'ensemble du secteur semencier, très souvent appelé Conseil (ou Bureau) National des Semences. Ses membres doivent être représentatifs des principales institutions concernées, y compris l'association nationale des semenciers (qui représente le volet industriel du secteur semencier). Ce Conseil se réunit deux à trois fois l'an pour débattre des affaires courantes et rapporte directement au ministre du gouvernement concerné (ou même est présidé par ce

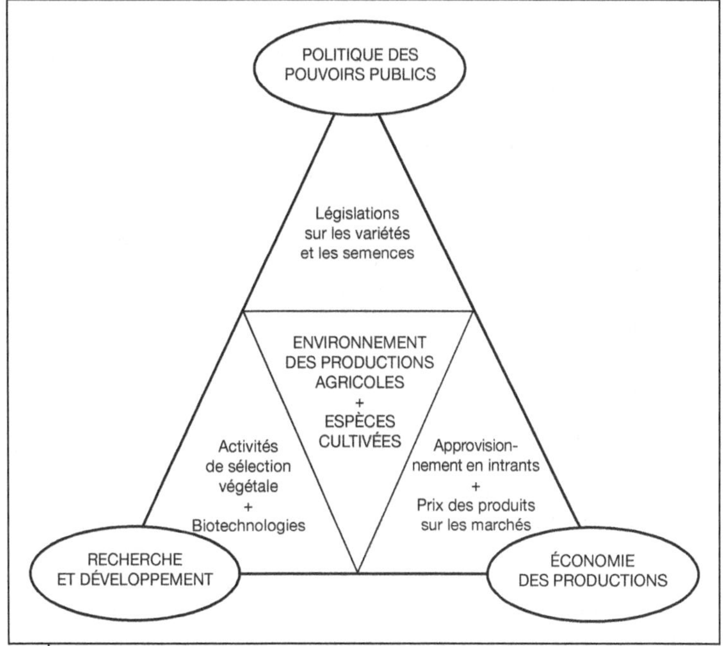

Figure 45. Les principaux facteurs influençant le développement des programmes semenciers nationaux.

dernier). L'expérience montre que 10 à 12 membres constituent l'effectif optimum pour des débats efficaces, avec la participation possible de membres invités chaque fois que nécessaire.

L'approvisionnement en semences dans les situations d'urgence

La fréquence et l'étendue des récentes catastrophes naturelles ou causées par l'homme ont posé avec une extrême acuité la question de l'approvisionnement en semences dans les situations d'urgence. La première priorité est bien sûr de fournir une assistance alimentaire immédiate mais les besoins en semences pour pouvoir mettre en place les cultures de la prochaine saison se manifestent très rapidement. Dans le passé, il est arrivé que soient distribuées des variétés inadaptées conduisant à l'échec des productions. De même, les agriculteurs ont souvent semé les graines qui leur étaient fournies dans le cadre de l'aide alimentaire, sans prendre en compte les différences de comportement des variétés ; des maladies et des parasites ont été introduits avec les cargaisons de semences ou de grains pour la consommation du fait de la précipitation à rassembler les produits destinés au pays sinistré. Ces expériences ont entraîné une plus grande vigilance quant aux procédures de collecte et de fourniture des semences dans l'urgence, ainsi que, point tout aussi important, sur la nécessité de les distribuer sur une base rationnelle et équitable. En fait, une indisponibilité totale de semences est extrêmement rare ; il y a toujours des semences disponibles, mais après une catastrophe ceux qui en ont besoin n'ont pas d'argent pour les payer. D'autre part, il est clairement contre-indiqué de distribuer gratuitement de grandes quantités de semences car elles peuvent être revendues pour obtenir de l'argent frais et cela risque de miner le commerce local.

Plusieurs principes directeurs pour la gestion des situations d'urgence sont aujourd'hui admis. Tout d'abord, il est primordial que l'approvisionnement en semences se fasse sur une base régionale et provienne de zones présentant des caractéristiques climatiques similaires : cela permet tout à la fois la réduction des coûts de transport, une réponse plus rapide et une meilleure information sur les variétés fournies. Si une industrie semencière bien organisée existe déjà dans le pays ou la région, les organisations de secours doivent préférentiellement s'adresser à elles pour s'approvisionner directement en semences de bonne qualité. Ainsi par exemple, en Afrique australe et de l'Est, des entreprises sont devenues

des fournisseurs réguliers de semences pour ces situations en anticipant un certain niveau de demande pour des variétés de maïs ou de sorgho très souples d'utilisation qui sont désormais réputées variétés d'urgence.

Une autre approche possible est d'acheter du grain consommation là où il est disponible et de le distribuer en tant que semences après avoir vérifié sa bonne germination. Si les quantités accessibles sont importantes et si la variété est suffisamment bien identifiée, cette solution est acceptable sous réserve qu'elle soit bien contrôlée par une équipe technique compétente. Même si on est dans une situation d'urgence, il est indispensable d'éviter de prendre des mauvaises décisions qui pourraient entraîner un risque futur pour les agriculteurs.

Les systèmes de bons d'achat ont souvent été des réussites, particulièrement en Afrique. Ces procédures de distribution permettent aux agriculteurs d'échanger leurs bons contre des semences auprès de distributeurs locaux sans créer de distorsion de concurrence sur le marché et sans mettre en danger les commerçants en place. D'ailleurs, des producteurs de semences et des commerçants compétents et reconnus au plan local peuvent saisir l'opportunité qui leur est ainsi offerte de participer à ce système d'approvisionnement et de développer leur activité. De plus, la distribution peut améliorer son organisation en instituant par exemple des foires aux semences, rassemblant des vendeurs jouissant d'une bonne réputation, où les agriculteurs viennent échanger leurs bons (Figure 46).

Figure 46. Foire aux semences à Ruyigi, Burundi.

Le commerce international des semences

Comme cela a été vu au chapitre précédent, il existe un important marché mondial des semences, en particulier pour les espèces potagères pour lesquelles l'autosuffisance est quasiment impossible (alors que pour les principales céréales cette autosuffisance est un objectif stratégique normal). D'une façon générale, l'ampleur du commerce international d'une semence est très liée à son prix unitaire et au volume de sa demande ; seules les semences de petite taille et d'une valeur relativement élevée peuvent être transportées sur de longues distances sans trop grever leur prix de vente. Pour cette raison, les productions de semences hybrides de nombreuses espèces, et tout particulièrement celles qui sont exigeantes en main-d'œuvre, ont migré vers des régions présentant à la fois les conditions climatiques les plus favorables et un faible coût du travail, offrant ainsi aux agriculteurs locaux l'opportunité de devenir des producteurs de semences sous contrat pour des sociétés étrangères.

Étant donné qu'il s'agit presque exclusivement d'échanges commerciaux entre sociétés, ce commerce international relève des lois et règlements généraux encadrant les exportations et importations, impliquant généralement des permis et soumis à des taxes. Il existe en outre des accords internationaux ainsi que des associations pour faciliter et normaliser les multiples aspects de ce commerce au niveau mondial. Les paragraphes suivants présentent un panorama général du commerce international des semences en explicitant le rôle de ces différentes associations et leurs relations avec les instances nationales (une liste de leurs sites web est donnée dans la bibliographie).

▍ Les règles phytosanitaires

Il s'agit d'un enjeu majeur qui concerne l'ensemble des échanges internationaux de semences (y compris les approvisionnements d'urgence), correspondant à la nécessité d'empêcher toute introduction de parasites, de maladies, et dans certains cas de mauvaises herbes, via les cargaisons de semences. C'est pourquoi, pratiquement tous les pays disposent d'un Service de la protection des végétaux et des quarantaines (SPVQ) qui a la charge de surveiller toutes les importations de semences et de plants. Le document de base est le Certificat phytosanitaire qui est émis par le pays exportateur et qui doit être conforme aux exigences du pays importateur. Ces certificats sont rédigés suivant un formulaire type, partie intégrante de la Convention internationale pour la protection des végétaux (CIPV), dont le secrétariat est basé à Rome sous l'égide de la FAO. Le secrétariat émet des séries de directives et de recommandations pour aider les pays membres à mettre en œuvre et appliquer leurs obligations phytosanitaires ; par contre il ne fixe pas lui-même de normes standard quant aux aspects sanitaires des semences ou des plants.

L'émission du certificat phytosanitaire qui doit accompagner tout envoi de semences est une importante responsabilité qui repose sur le SPVQ du pays exportateur, qui doit disposer des moyens et équipements nécessaires pour examiner des lots de semences de grande taille, appliquer de bonnes techniques d'échantillonnage et produire des résultats d'analyse fiables basés sur le ou les échantillons prélevés. Dans certains cas, le pays importateur peut imposer une «tolérance zéro» concernant la présence d'un parasite, d'une maladie ou d'une adventice spécifique. Comme dans le cas de l'analyse de la qualité des semences, il s'agit là d'observations délicates requérant des personnels bien formés, et même dans certains cas, des installations très spécialisées indispensables à l'obtention de résultats fiables.

De nombreux pays ont voulu appliquer des règles phytosanitaires extrêmement strictes qui dans la réalité interdisaient l'introduction d'organismes déjà présents sur leur territoire ou qui ne représentaient pas une menace réelle. Ce type de pratique complique les échanges commerciaux et peut, dans certains cas, conduire à des pertes financières importantes si une cargaison de semences est refusée à son point d'entrée. Au pire, les semences peuvent être retournées à l'expéditeur ou même détruites. De plus, ces réglementations ont souvent été utilisées pour limiter les importations en recourant à une bureaucratie excessive. Ces procédés font partie de ce qu'on appelle aujourd'hui les barrières non tarifaires aux échanges et l'Organisation Mondiale du Commerce (OMC) exerce actuellement de fortes pressions afin de les faire lever. Dans ce contexte, le SPS ou Accord sur l'application des mesures sanitaires et phytosanitaires entré en vigueur au moment de la création de l'OMC donne encore plus de poids aux réglementations phytosanitaires en les intégrant dans le cadre plus général du commerce international. Par principe, ces réglementations ne doivent reposer que sur des évaluations objectives des risques potentiels associés à l'introduction d'un organisme vivant particulier, et quand ce principe est appliqué, la liste des organismes objets d'interdiction peut généralement être considérablement réduite.

▶ La protection de la propriété intellectuelle des variétés végétales

Les aspects techniques de la protection de la propriété intellectuelle des variétés végétales ont été examinés au chapitre 2. C'est un sujet aux dimensions très largement internationales étant donné la facilité avec laquelle les variétés peuvent migrer d'un pays vers un autre et les créateurs de variétés ont donc besoin, pour pouvoir étendre à d'autres pays les droits dont ils disposent sur une variété protégée, d'un cadre législatif standard qui reconnaisse ces droits. C'est l'objet de l'Union internationale pour la protection des obtentions végétales (UPOV) qui soutient les intérêts des sélectionneurs en encourageant et en aidant à l'introduction des droits d'obtenteur dans les législations nationales. L'UPOV agit au travers d'une série de conventions : la première a créé l'Union en 1961 ; les conventions suivantes (1972, 1978 et 1991) ont introduit des modifications ayant pour objectif d'adapter le texte initial à l'évolution de l'environnement technique et législatif, en particulier à l'impact des biotechnologies sur l'amélioration des plantes.

Un pays adhère à l'UPOV en adoptant une législation pour la protection des variétés végétales qui dans tous ses aspects essentiels soit conforme aux dispositions de la convention en vigueur. L'introduction dans les législations nationales des droits d'obtenteur ainsi que les adhésions à l'UPOV se sont multipliées du fait que l'OMC, conformément aux accords conclus sur les Aspects des droits de propriété intellectuelle qui touchent au commerce (ADPIC), exige que tous ses membres aient mis en place un système de protection de la propriété intellectuelle des variétés végétales. En principe, cette protection peut relever du système du brevet, mais sa mise en œuvre sur cet objet particulier s'avère difficile. En pratique, on considère que les Droits d'obtenteur, tels qu'ils sont prévus par l'UPOV, constituent une approche beaucoup plus pragmatique pour la protection des variétés végétales. De plus, le système UPOV présente l'avantage de laisser libre l'utilisation des variétés protégées en tant que géniteurs pour un nouveau cycle de sélection.

▶ L'Association internationale pour les essais de semences

Le rôle de l'Association internationale pour les essais de semences (International Seed Testing Association ou ISTA) est de mettre au point des protocoles d'essais normalisés comme cela a été vu au chapitre 6.

Cet organisme est aussi à l'origine du Certificat international orange qui correspond à un certificat d'analyse indépendant réalisé dans des conditions standard dans un laboratoire accrédité par l'ISTA. Ainsi, quand une société achète des semences à un producteur ou à un fournisseur situé à l'étranger, elle exige en général que ce certificat lui soit communiqué avant l'expédition de la marchandise. Autrefois, seuls des laboratoires publics officiels pouvaient produire de tels certificats, mais aujourd'hui des laboratoires dépendant d'entreprises privées peuvent être accrédités par l'ISTA. Cette accréditation obéit à une procédure extrêmement rigoureuse et tous les trois ans chaque laboratoire est soumis à une inspection afin de maintenir son statut.

L'existence d'un certificat internationalement reconnu répond à la nécessité fondamentale de pouvoir fournir une attestation fiable de qualité des semences quand les parties qui les échangent sont très éloignées géographiquement. Lorsqu'il s'agit de partenaires ayant l'expérience de bonnes relations, l'acheteur peut accorder du crédit aux résultats d'analyse établis par le vendeur ou le vendeur peut envoyer un échantillon à l'acheteur qui effectuera lui-même l'analyse avant l'expédition de la marchandise. Mais lorsque les exportations sont faites vers des pays ne disposant que de capacités d'analyse limitées ou sont destinées à des acheteurs peu expérimentés, il existe la tentation d'expédier des semences d'une qualité inférieure du fait de la faible probabilité d'un contrôle. Une fois les semences vendues et semées, les mauvais résultats obtenus peuvent être attribués à une multitude de causes différentes et l'acheteur aura peu de chance d'obtenir réparation. Cette situation souligne l'importance pour chaque pays de disposer d'un laboratoire accrédité par l'ISTA, dans lequel les normes internationales des essais de semences sont appliquées et opposables aux tiers, et qui, de plus, contribuera à améliorer les capacités et la qualité des analyses de semences à l'intérieur du pays.

Les schémas OCDE de certification des semences

Le Certificat international orange de l'ISTA se rapporte exclusivement aux critères de qualité qui peuvent être évalués dans des essais au laboratoire sur la base d'un échantillon prélevé dans le lot de semences ; il n'apporte par contre aucune information quant aux caractéristiques de la culture porte-graine. Pour pallier ce défaut d'assurance qualité, l'OCDE (Organisation de coopération et de développement économiques, Organisation for Economic Co-operation and Development ou OECD) propose un système de certification des lots de semences pour un grand nombre d'espèces faisant l'objet de commerce international. Il fonctionne grâce aux agences de certification nationales existant dans chacun des pays participant à ce système, qui peuvent eux-mêmes ne pas être membres de l'OCDE. Quand des semences sont produites dans un pays à des fins d'exportation, la culture porte-graine peut faire l'objet d'une inspection selon les règles de l'OCDE, bénéficier d'un certificat OCDE et les sacs de semences peuvent porter l'étiquette de certification OCDE. Les pays qui adhèrent à ce schéma doivent au préalable démontrer que leurs procédures de certification sont conformes aux standards de l'OCDE.

▌ La Fédération internationale des semences

Étant donné les multiples dimensions internationales du commerce des semences et la diversité des acteurs concernés, le besoin d'un organe capable de représenter les intérêts des entreprises commerciales et de faciliter les échanges commerciaux est rapidement apparu. Il s'est imposé dès le début du xxe siècle, conduisant à la création de la Fédération Internationale des Semences (FIS, International Seed Federation ou ISF)[20], en 1924, la même année que celle de la fondation de l'ISTA. Lorsqu'un pays dispose déjà d'une association nationale représentant l'industrie des semences, cette association est d'office membre ordinaire de la FIS mais des entreprises ou des fournisseurs de services peuvent, à titre individuel, devenir membres associés ou affiliés.

La FIS représente les intérêts et négocie au nom de ses adhérents dans les débats au niveau politique mais intervient aussi sur des sujets plus techniques tels que par exemple la taille maximale d'un lot pouvant faire l'objet d'un certificat ISTA ou OCDE. À cet effet, il existe une concertation permanente entre la FIS et ces autres organisations. La FIS prend également en charge les intérêts commerciaux des sélectionneurs, qui pour la plupart appartiennent à des entreprises

---

[20] Plus précisément, l'actuelle FIS (Fédération internationale des semences) résulte de la fusion en 2002 de la FIS (Fédération Internationale du commerce des Semences) créée effectivement en 1924 pour représenter les intérêts spécifiques du commerce des semences et de l'ASSINSEL (Association Internationale des Sélectionneurs pour la protection des obtentions végétales) créée en 1938 pour prendre en charge les intérêts propres aux sélectionneurs, en particulier en prônant la création d'une convention internationale pour la protection de la propriété intellectuelle des variétés végétales, la future Convention UPOV (NdT).

semencières, avec pour conséquence que ses positions sont très étroitement alignées sur celles de l'UPOV. Elles visent à promouvoir la mise en place de législations protégeant les droits des obtenteurs afin de favoriser les investissements privés dans le secteur de l'amélioration des plantes et à lutter contre la contrefaçon des variétés végétales.

Le congrès annuel de la FIS est l'évènement le plus important de l'agenda du commerce des semences au niveau mondial. Il est l'occasion d'un large forum pour débattre des questions d'actualité mais c'est aussi une grande manifestation commerciale où producteurs, vendeurs et acheteurs peuvent se rencontrer et conclure des affaires. Ce congrès réunit classiquement plus de mille participants ; il se tient chaque année dans un pays différent où il est organisé par l'association nationale des semenciers du pays hôte.

Les associations de semenciers au niveau régional

Ces associations se sont développées au cours des vingt-cinq dernières années pour remplir un rôle globalement similaire à celui de l'ISF mais en portant une plus grande attention aux préoccupations et aux marchés purement régionaux. Elles présentent aussi l'intérêt d'être moins coûteuses pour les petites sociétés qui ne souhaitent pas nécessairement assister aux congrès de l'ISF. Cependant, les entreprises internationales sont souvent très intéressées à participer à ces manifestations régionales au cours desquelles elles peuvent rencontrer un grand nombre de leurs homologues de plus petite taille mais qui souvent tiennent une place très significative sur les marchés locaux. De même, de nombreuses sociétés de production de semences trouvent très utile de participer à ces rencontres régionales pour passer des contrats en vue de la saison à venir. Les adresses des sites web des principales associations régionales de semenciers sont données dans la bibliographie.

 Annexes

Modèle de contrat pour la production de semences

gnis SECTION SEMENCES DE CÉRÉALES ET PROTÉAGINEUX

CONTRAT DE MULTIPLICATION DE SEMENCES DE CÉRÉALES ET PROTÉAGINEUX

ÉTABLISSEMENT — NUMÉRO SOC PORTÉ SUR LA CARTE PROFESSIONNELLE
- Raison sociale
- Numéro et rue
- Lieu-dit
- Code postal, Commune

AGRICULTEUR-MULTIPLICATEUR (N° SOC établissement, n° d'ordre attribué par l'établissement)
- Nom, prénom ou raison sociale
- Numéro et rue
- Lieu-dit
- Code postal, Commune

SITE DE GESTION — N° SOC
CONTRAT case à cocher pour une culture d'établissement
NUMÉRO (N° SOC de l'établissement, année de récolte, n° d'ordre attribué par l'établissement)

CULTURE DÉCLARÉE — EN VUE DE LA RÉCOLTE **20**
ESPÈCE — VARIÉTÉ
CATÉGORIE À PRODUIRE
SUPERFICIE DÉCLARÉE (hectares et ares) — ou nombre de lignes

SEMENCE-MÈRE DÉLIVRÉE PAR L'ÉTABLISSEMENT
CAT. — ORIGINE — POIDS — POUR LA PRODUCTION DE
CAT. — VARIÉTÉS HYBRIDES
CAT. — ET N° DU LOT — EN KILOS — VOIR (a)

(a) Indiquer soit F pour parent femelle, soit M pour parent Mère et préciser ci-après le nom des parents : FEMELLE _____ MÂLE _____

Méthode de production biologique si oui cochez la case

DISPOSITIONS DIVERSES

PRIME DE MULTIPLICATION (EUROS/T) SUR LA QUANTITÉ MINIMALE À REPRENDRE
PRIME DE MULTIPLICATION (EUROS/T) SUR LES QUINTAUX SUPPLÉMENTAIRES
QUANTITÉ DE SEMENCES À REPRENDRE (en quintaux par hectare) — OPTION EN %

DISPOSITIONS PARTICULIÈRES

SEMENCE-MÈRE : FACTURÉE - REMBOURSÉE À LA RÉCOLTE (rayer la mention inutile)
PROPORTION DE L'ÉCHANGE (si la semence-mère est remboursée à la récolte) :
RÈGLEMENT DE LA PRIME DE MULTIPLICATION : DATE _____ TAUX D'INDEMNITÉ EN CAS DE RETARD :
DATE LIMITE DE LIVRAISON DE LA RÉCOLTE
LIEU ET DATE D'AGRÉAGE :
FRAIS D'IMMOBILISATION ANORMALE AU CHARGEMENT
AVENANT AU CONTRAT (si oui cochez la case)

RENSEIGNEMENTS COMPLÉMENTAIRES
Éventuellement nom et prénom du technicien — **T A**

Lors du paiement de la récolte, l'établissement de semences retiendra au multiplicateur, au profit du G.N.I.S., le montant de la contribution à la production selon les textes en vigueur.

Document reproduit avec l'aimable autorisation du GNIS (Groupement national interprofessionnel des semences et plants)

Conditions contractuelles standard pour la production des semences

1. Le Producteur est seul responsable de la bonne application des techniques culturales courantes telles qu'elles figurent dans le manuel de production fourni par la Société, y compris la maîtrise des parasites, maladies et adventices.

2. L'épuration de la culture sera effectuée par le Producteur.

3. Le Producteur s'engage à effectuer la récolte au stade qui convient, à assurer l'intégrité du lot de semences, à le sécher et à le préserver de toute pollution en utilisant les sacs propres et neufs fournis par la Société.

4. Le Producteur s'engage à livrer la totalité de la récolte à la Société et la Société s'engage à acheter la totalité de la récolte sous réserve qu'elle réponde aux exigences figurant dans le contrat.

5. Le Producteur signalera à la Société, aussitôt que possible, tout évènement ou accident susceptible d'affecter significativement le rendement ou la qualité de la récolte.

6. Le Producteur prendra toutes les dispositions nécessaires pour que la culture soit conforme aux exigences du Schéma de certification de la Société de semences et suivra toutes les instructions des agents de certification concernant la conduite de la culture.

7. Le Producteur assurera en permanence le libre accès à la culture aux représentants de la Société ou de l'Agence de Certification des semences;

8. Le Producteur s'engage à prévenir la Société dès que la récolte est prête pour la collecte. Sauf arrangement contraire, le transport sera assuré par la Société. Le Producteur ou son représentant doit être présent au moment du chargement de la récolte.

9. Le paiement sera fait sur la base du poids enregistré au pont-bascule de la Société, corrigé pour la teneur en eau et le taux de pureté selon les résultats des analyses pratiquées par le laboratoire de la Société à la livraison. La Société communiquera ces informations au Producteur dans les meilleurs délais suivant la livraison. Le paiement sera effectué par la Société au plus tard dans les soixante jours suivant la livraison.

10. Le Producteur aura accès à la station de semences pour assister à la réception, à l'échantillonnage et au premier examen par la Société de la marchandise livrée.

11. Sauf convention contraire antérieure, tout produit de récolte qui ne remplit pas les conditions standard du Schéma de Certification des semences ou les conditions contractuelles prévues par la Société demeure la propriété du Producteur. Le Producteur peut en disposer à sa guise en tant que grains mais ne peut en aucun cas prétendre que le produit récolté est apte pour une utilisation en tant que semences.

12. Toutes les semences de base non utilisées seront conservées par le Producteur et retournées à la Société le plus tôt possible après la fin des semis.

13. La responsabilité de la Société vis-à-vis du Producteur ne peut être engagée au-delà du montant du prix de vente des semences de base qui lui ont été fournies.

14. Dans le cas d'un désaccord survenant dans le cadre de ce contrat, le litige sera soumis à un panel indépendant de trois arbitres constitué comme il suit : (insérer la procédure à suivre)

Glossaire

Ce glossaire a pour seule ambition de fournir des définitions pratiques à l'usage des lecteurs de ce livre; des définitions plus complètes pourront être trouvées dans les ouvrages spécialisés.

Allogamie : système de reproduction à fécondation croisée (par exemple, le maïs, le tournesol).

Autogamie : système de reproduction par autofécondation (par exemple, le riz, la tomate).

Catalogue officiel ou Liste nationale : liste de variétés établie au niveau d'un pays sur la base de résultats d'essais et de tests officiels dans le but d'en autoriser la multiplication et la commercialisation ; en règle générale, seules les variétés inscrites sur cette liste ou catalogue sont admises à la certification du fait que l'on dispose pour ces variétés d'une description officielle associée à un nom.

Certification : procédure d'assurance qualité officielle fondée sur l'inspection des cultures porte-graines au champ, l'échantillonnage et l'analyse des lots de semences après la récolte, associés à un système d'identification des cultures porte-graines et des lots qui permet d'assurer la traçabilité tout au long des générations de multiplication des semences.

Certificat phytosanitaire : certificat émis par un service officiel (généralement un Service de la protection des végétaux et des quarantaines) qui établit le bon état sanitaire d'un lot de semences, ou d'autres matériels de reproduction destinés à un transfert international.

Conditionnement : (voir Préparation des semences)

Cultivar : (voir Variété)

DHS (Distinction, Homogénéité, Stabilité) : ce sont les critères standard utilisés pour décrire et établir le statut d'une variété en vue de son inscription sur un catalogue officiel ou sa protection par un droit d'obtenteur. La Convention UPOV de 1991 définit les trois critères : Distinction, homogénéité, Stabilité (voir les définitions dans ce glossaire).

Distinction : la variété est réputée distincte si elle se distingue nettement de toute autre variété dont l'existence, à la date de dépôt de la demande est notoirement connue (Convention UPOV, 1991).

Dormance : non-germination de semences viables placées dans des conditions environnementales favorables tant que d'autres besoins ou contraintes (par exemple l'exposition préalable à une période de froid, un certain degré de siccité de la graine, la présence ou l'absence de lumière, etc.) n'ont pas été satisfaits ou levés.

Épuration : l'élimination des plantes hors-types éventuellement présentes dans une culture porte-graine afin de maintenir ou améliorer sa pureté génétique, mais aussi des plantes malades et des mauvaises herbes, de façon à obtenir un lot de semences sain et exempt de graines d'adventices.

Fécondation libre : système de reproduction concernant principalement les plantes allogames, ne faisant intervenir aucun contrôle de la pollinisation, qui tend à maintenir la variabilité génétique interne de la population à laquelle elle s'applique. Système généralement utilisé pour la production des semences des variétés populations ou «OP», à ne pas confondre avec le système de production des hybrides F1 qui implique le contrôle de la pollinisation afin d'assurer l'uniformité.

Génotype : ensemble des gènes d'un individu qui détermine ses caractéristiques et son potentiel de développement.

Germination : processus par lequel l'embryon contenu dans une graine commence son développement et aboutit à une plantule dotée des structures nécessaires à la poursuite de sa croissance ; au plan pratique, la signification de ce terme dépend du contexte dans lequel il est employé.

Homogénéité : la variété est réputée homogène si elle est suffisamment uniforme dans ses caractères pertinents, sous réserve de la variation prévisible compte tenu des particularités de sa reproduction sexuée ou de sa multiplication végétative (Convention UPOV, 1991).

Hors-type : toute plante de la même espèce trouvée dans un champ de production de semences qui n'est pas conforme à la description de la variété multipliée, et qui doit, en conséquence, être éliminée lors des opérations d'épuration.

Hybride F1 : variété résultant du croisement contrôlé de deux lignées parentales (généralement consanguines) et ayant par conséquent un génotype défini et un phénotype uniforme ; plus généralement, on appelle F1 le produit du croisement entre deux parents distincts.

Levée : apparition de la jeune plantule à la surface du sol marquant la fin du processus de germination dans les conditions au champ ; l'établissement de la plantule peut être considéré comme l'étape suivante du développement de la plante.

Lignée, lignée consanguine : ensemble d'individus, généralement obtenus par une série d'autofécondations, ayant atteint une uniformité génétique plus ou moins complète. Les lignées servent en particulier à produire les hybrides F1.

Liste nationale (voir Catalogue officiel)

Lot de semences : quantité définie de semences ayant la même origine connue, constituant de ce fait un ensemble homogène pour l'échantillonnage, l'étiquetage, la certification et la commercialisation ; la taille maximale d'un lot de semences varie selon l'espèce considérée et est fixée par la réglementation.

Maintenance (des variétés) : l'ensemble des procédures au moyen desquelles le sélectionneur (ou toute autre personne mandatée) maintient la composition génétique du stock de semences fondatrices ou semences souches de la variété identique à ce qu'elle était au moment de sa création, évaluation et première commercialisation. L'expression sélection conservatrice est aussi utilisée dans le même sens mais prête à confusion car elle laisse sous-entendre qu'une sélection se poursuivrait après que la variété ait été décrite lors de l'examen DHS (voir ce mot).

Phénotype : caractère extérieur d'un individu observé et mesuré. Il répond à l'environnement dans lequel il s'est développé.

Pollinisation croisée : transfert de pollen d'une plante à une autre, pouvant conduire à des recombinaisons génétiques au niveau des graines qui en découlent si les deux plantes ont des génotypes différents.

Population (Variété) : type variétal chez les plantes allogames, consistant en une population d'individus à base génétique plus ou moins large, que l'on reproduit en fécondation libre. En anglais on parle de «*OP varieties*» ou «*open pollinated varieties*». La plupart des variétés traditionnelles de plantes allogames sont de type population.

Préparation (conditionnement) des semences) : ensemble des opérations appliquées à un lot de semences après sa récolte afin d'en améliorer la qualité en vue de sa commercialisation; il s'agit essentiellement du nettoyage et du triage des semences, complété le cas échéant par du séchage, du calibrage, l'application de traitements phytosanitaires, l'ensachage... Ces opérations sont généralement conduites dans une petite unité industrielle, la station-semences. Le terme conditionnement est également employé avec le même contenu, y compris en anglais *(seed conditionning)*.

Stabilité : la variété est réputée stable si ses caractères pertinents restent inchangés à la suite de ses reproductions ou multiplications successives, ou, en cas de cycle particulier de reproduction ou de multiplication, à la fin de chaque cycle (Convention UPOV, 1991).

Traitement des semences : application sur les semences de produits phytosanitaires à la fin de leur préparation (conditionnement) en vue de leur apporter quelques qualités supplémentaires : il s'agit le plus souvent de protéger les semences (et les jeunes plantules) contre les maladies et parasites, mais l'application peut porter aussi sur des micro-éléments nutritifs ou d'autres produits.

Variété (cultivar) : dans le contexte de cet ouvrage, ce terme se rapporte aux variétés cultivées ou cultivars d'une espèce, issues d'un processus délibéré d'amélioration ou de sélection; il s'agit d'une population de plantes clairement distincte d'une autre population de la même espèce pour un ou plusieurs caractères, et qui conserve l'ensemble de ces caractéristiques au fil des générations successives lorsqu'elle est multipliée selon les techniques adéquates.

VAT (Valeur agronomique et technologique) : cette expression regroupe l'ensemble des critères sur la base desquels une variété est évaluée avant de décider si elle mérite d'être inscrite sur le Catalogue officiel et commercialisée.

Vernalisation : période de basses températures nécessaire à certaines plantes pour initier leur processus de floraison; ce type de comportement est typique d'un certain nombre d'espèces originaires des régions tempérées, dites bisannuelles, qui ont une croissance végétative la première année (saison) de culture et fleurissent l'année suivante après avoir subi un hiver frais ou froid.

Viabilité : l'aptitude d'une semence à se développer jusqu'au stade de l'émergence radiculaire, attestant ainsi qu'elle est vivante ou viable; toutes les semences viables ne parviennent pas nécessairement à poursuivre l'intégralité de leur développement, par exemple si leur vigueur est insuffisante.

Vigueur : elle mesure l'aptitude d'une semence à germer dans les conditions réelles du champ, comparativement au taux de germination déterminé au laboratoire selon des procédures standard et dans des conditions optimales. Les tests de vigueur visent à classer les lots de semences sur la base de leur levée attendue au champ; la vigueur peut aussi refléter l'âge physiologique d'une semence et être un indicateur de sa durée potentielle de stockage.

Bibliographie

Les ouvrages listés ci-dessous traitent principalement des techniques de production et des systèmes d'organisation relatifs aux variétés végétales et aux semences.

Agrawal R.L., 1995. *Seed Technology*. Oxford and IBH Publishing Co Ltd: New Delhi, Inde.

Almekinders C., Louwaars, N., 1999. *Farmers' Seed Production*. Intermediate Technology Publications: London, Royaume-Uni.

Appert J., 1987. *The Storage of Food Grains and Seeds* (The Tropical Agriculturalist).Macmillan Education: Oxford, Royaume-Uni and CTA Wageningen, Pays-Bas. ISBN 0 333 44827 8.

Basra A.S., 1995. *Seed Quality*. Food Products Press: NewYork, États-Unis.

Black M., Bewley J.D., Halmer P. (Eds), 2006. *TheEncyclopedia of Seeds*. CAB International: Oxford, Royaume-Uni.

Brown J., Cagliari P.D.S., 2008. *An Introduction to Plant Breeding*. Blackwell: Oxford, Royaume-Uni.

Charrier A., Jacquot M., Hamon S., Nicolas D., 1997. *L'amélioration des plantes tropicales*. Cirad-Orstom : Montpellier, France.

Copeland L.O., McDonald M.B., 2001. *Principles of Seed Science and Technology* (4th Edition). Kluwer Academic Press: Norwell, Massachusetts, États-Unis.

Cromwell E., 1996. *Governments, Farmers and Seeds in a Changing Africa*. CAB International: Oxford, Royaume-Uni.

Demol J. *et al.*, 2002. *Amélioration des plantes. Application aux principales espèces cultivées en régions tropicales*. Presses agronomiques de Gembloux : Gembloux, Belgique.

Doré C., Varoquaux F., 2006. *Histoire et amélioration de cinquante plantes cultivées*. Savoir-faire, Éditions Quæ : Versailles, France.

Douglas J.E., 1980. *Successful Seed Programs: A Planning and Management Guide*. Westview Press: Boulder, Colorado, États-Unis.

Ellis R.H., Roberts E.H., 1980. See: Seed Information Database maintained by the Royal Botanic Gardens : Kew, London, Royaume-Uni. Available online at http://data.kew.org/sid/viability/

FAO, 2006. *Quality Declared Seed System*. Plant Production and Protection Paper 185. Food and Agriculture Organization of the United Nations (FAO): Rome, Italie.

Feistritzer W.P. (Ed), 1975. *Cereal Seed Technology*. Food and Agriculture Organization of the United Nations (FAO): Rome, Italie.

Feldmann P., Feyt H., 2002. *L'amélioration des plantes et la production de matériel végétal*. Memento de l'agronome. Cirad-Gret-Icta-MAE : Paris, France.

Gallais A., 2009. *Hétérosis et variétés hybrides en amélioration des plantes*. Synthèse, Éditions Quæ : Versailles, France.

Gallais A., 2011. *Méthodes de création de variétés en amélioration des plantes*. Savoir-faire, Editions Quæ : Versailles, France.

Gallais A., Bannerot H., 1992. *Amélioration des espèces végétales cultivées. Mieux comprendre*. Éditions Inra, Paris, France.

Jeffs K.A., 1986. *Seed Treatment*. BCPC Publications: Thornton Heath, Royaume-Uni.

Kapata *et al.,* 2005. Dossier spécial Semences. *Troupeaux et Cultures des Tropiques* III(V).

Kelly A.F., 1988. *Seed Production of Agricultural Crops*. Longman: Harlow, Royaume-Uni.

Kelly A.F., 1989. *Seed Planning and Policy for Agricultural Production*. Belhaven Press: London, Royaume-Uni.

Kugbei S., 2002. *Seed Economics*. International Centre for Agricultural Research in the Dry Areas (Icarda): Aleppo, Syrie.

Loch D.S., Ferguson, J.E. (Eds), 1999. *Forage Seed Production: Tropical and Subtropical Species*. CAB International: Oxford, Royaume-Uni.

Louwaars N., (Ed.) 2002. *Seed Policy, Legislation and Law*. Food Products Press: New York, États-Unis.

Nyabyenda P., 2005. *Les plantes cultivées en régions tropicales d'altitude d'Afrique. T. 1. Légumineuses alimentaires. Plantes à tubercules et racines. Céréales*. Presses agronomiques de Gembloux : Gembloux, Belgique.

Nyabyenda P., 2006. *Les plantes cultivées en régions tropicales d'altitude d'Afrique. T. 2. Cultures industrielles et d'exploitation. Cultures fruitières. Cultures maraîchères*. Presses agronomiques de Gembloux : Gembloux, Belgique.

Sleper W.D., Poehlman W.P., 2006. *Breeding Field Crops* (5th Edition). Wiley-Blackwell: Hoboken, NJ, États-Unis. ISBN 978 0 8138 2428 4.

Thomson J.R., 1979. *An Introduction to Seed Technology*. Leonard Hill: Glasgow, Royaume-Uni.

Tripp R., 1997. *New Seeds and Old Laws*. Intermediate Technology Publications: London, Royaume-Uni.

Tripp R., 2001. *Seed Provision and Agricultural Development*. James Currey: Oxford, Royaume-Uni.

Sites Web d'organisations régionales, nationales et internationales traitant de semences et de variétés

Association Africaine du commerce des semences - African Seed Trade Association (AFSTA) : **www.afsta.org**

Asia and Pacific Seed Association (APSA) : **www.apsaseed.org**

Convention internationale pour la protection des végétaux (IPPC) : **www.ippc.int**

European Seed Association (ESA) : **www.euroseeds.org**

Fédération nationale des agriculteurs multiplicateurs de semences (Fnams) : **http://www.fnams.fr**

Food and Agriculture Organization (FAO - Semences et ressources phytogénétiques) : **www.fao.org/agriculture/crops/core-themes/theme/seeds-pgr/fr/**

Global Crop Diversity Trust: **www.croptrust.org**

Groupement national interprofessionnel des semences et des plants (Gnis) : **http://www.gnis.fr/** et en particulier son site pédagogique : **http://www.gnis-pedagogie.org/**

Groupe consultatif pour la recherche agricole internationale (GCRAI) : **www.cgiar.org**

Groupe d'étude et de contrôle des variétés et des semences (GEVES) : **http://www.geves.fr**

International Seed Federation (ISF) : **www.worldseed.org**

International Seed Testing Association (ISTA) : **www.seedtest.org**

International Society for Seed Science (ISSS) : **www.kew.org/isss**

Latin-American Federation of Seed Associations (FELAS) : **www.felas.org**

Société coopérative d'intérêt collectif agricole anonyme des sélectionneurs obtenteurs (SICASOV) qui gère sur les territoires français et étrangers les variétés végétales protégées produites sous licence des espèces de grandes cultures, horticoles, fruitières, forestières et florales : **www.sicasov.com**

Seed Association of the Americas (SAA) : **www.saaseed.org**

Système des semences de l'OCDE : **www.oecd.org/tad/seed**

Union internationale pour la protection des obtentions végétales (UPOV) : **www.upov.int**

World Vegetable Center : **www.avrdc.org**

Index

Toutes les photographies sont reproduites avec l'aimable autorisation de l'auteur, excepté les suivantes : Fig. 6 Tom Hash, ICRISAT ; Fig. 7 et 17 H. Feyt ; Fig. 13 International Seed Testing Association (ISTA) ; Fig. 14 ICRISAT ; Fig. 27, 28, 29, 31, 34 Science and Advice for Scottish Agriculture (SASA) ; Fig. 30 S. Prakash, University of Mysore ; Fig. 41 Michael Hare, Ubon Forage Seeds ; Fig. 46 Stephen Walsh, Catholic Relief Services (CRS).

Photo de couverture : Les grains de sorgho sont dispersés dans le vent pour les débarrasser des résidus et de la poussière - Sénégal.
©IRD - Olivier Barrière

Édition : Claire Parmentier, Presses agronomiques de Gembloux
Mise en pages : Hélène Bonnet

Fichier préparé par Nicolas Perrier, société 4P
Imprimé pour vous par Libri Plureos GmbH (Allemagne)